SAMMLUNG GÖSCHEN BAND 444

DAS TIERREICH

Redigiert von H. v. Lengerken

I

EINZELLER, PROTOZOEN

von

PROF. DR. E. REICHENOW
Hamburg

Mit 59 Abbildungen

WALTER DE GRUYTER & CO.
vormals G. J. Göschen'sche Verlagshandlung · J. Guttentag, Verlagsbuchhandlung · Georg Reimer · Karl J. Trübner · Veit & Comp.
BERLIN 1956

Archiv-Nr. 11 04 44
Satz und Druck: Saladruck, Berlin N 65
Printed in Germany

DAS TIERREICH
IN DER SAMMLUNG GÖSCHEN

ist wie folgt gegliedert:

Bd. I. Einzeller.

Bd. II. Schwämme und Hohltiere.

Bd. III. Plattwürmer, Hohlwürmer, Kamptozoen, Schnurwürmer, Ringelwürmer, Protracheaten, Bärtierchen und Zungenwürmer.

Bd. IV. 1. Gliederfüßler: Krebse.

Bd. IV. 2. Gliederfüßler: Trilobitomorphen, Fühlerlose und Tracheenatmer: Tausendfüßler.

Bd. IV. 3. Gliederfüßler: Insekten.

Bd. V. Weichtiere.

Bd. VI. Stachelhäuter, Tentakulaten, Binnenatmer und Pfeilwürmer.

Bd. VII. 1. Chordatiere: Manteltiere, Schädellose, Rundmäuler.

Bd. VII. 2. Chordatiere: Fische.

Bd. VII. 3. Chordatiere: Lurche.

Bd. VII. 4. Chordatiere: Kriechtiere.

Bd. VII. 5. Chordatiere: Vögel.

Bd. VII. 6. Chordatiere: Säugetiere.

STÄMME DES TIERREICHES

1. Urtiere *(Protozoa)*
2. Schwämme *(Spongia)*
3. Hohltiere *(Coelenterata)*
4. Plattwürmer *(Plathelminthes)*
5. Hohlwürmer *(Aschelminthes)*
6. Schnurwürmer *(Nemertini)*
7. Kamptozoen *(Kamptozoa, Entoprocta)*
8. Ringelwürmer *(Annelida)*
9. Protracheaten *(Protracheata, Onychophora)*
10. Bärtierchen *(Tardigrada)*
11. Zungenwürmer *(Linguatulida)*
12. Gliederfüßler *(Arthropoda)*
13. Weichtiere *(Mollusca)*
14. Stachelhäuter *(Echinodermata)*
15. Tentakulaten *(Tentaculata)*, Hufeisenwürmer *(Phoronidea)*, Moostierchen *(Bryozoa)* und Armfüßler *(Brachiopoda)*
16. Binnenatmer *(Enteropneusta)*
17. Pfeilwürmer *(Chaetognatha)*
18. Chordatiere *(Chordata)*

INHALT
von Bd. I

EINLEITUNG

Das Tierreich *(Regnum animalium)* wird in zwei Unterreiche *(Subregna)* gegliedert, nämlich: Einzeller, Urtiere, Protozoen *(Protozoa)* und Vielzeller, Gewebs- oder Höhere Tiere, Metazoen *(Metazoa)*.

1. Unterreich:

Einzeller, Urtiere, Protozoen *(Protozoa)*[1]) mit den Merkmalen des Stammes der Einzeller.

---

1) gr. *prótos* der erste und *zóon* Tier.

1. STAMM

EINZELLER, URTIERE, PROTOZOEN *(Protozoa)*

A. ALLGEMEINER TEIL

1. Allgemeine Kennzeichnung

Die Protozoen, Einzeller oder Urtiere, sind einzellige tierische Lebewesen, d. h. ihr ganzer Körper weist in den Grundzügen denselben Bau auf, den die einzelnen Elemente zeigen, die den Körper der Vielzelligen oder Gewebetiere (Metazoa) zusammensetzen. Er besteht also aus den beiden Grundbestandteilen Zelleib und Zellkern. Jedoch ist ein wesentlicher Unterschied nicht zu übersehen. Während die Gewebezellen bestimmte Teilaufgaben für den vielzelligen Organismus zu erfüllen haben und daher einseitig differenziert sind, müssen die Protozoen alle Leistungen eines Lebewesens im Rahmen ihrer Einzelligkeit vollführen können, also vielseitige Differenzierungen aufweisen. Der Zellrahmen kann bei manchen Protozoen insofern erweitert sein, als mehrere oder zahlreiche gleichartige Kerne in dem einheitlichen Zytoplasmaleib vorhanden sind. Die Wimpertiere oder Ciliaten unterscheiden sich von allen anderen Protozoen dadurch, daß bei ihnen stets zweierlei im Aussehen und in der Leistung verschiedene Kerne vorhanden sind (Großkern oder somatischer und Kleinkern oder generativer Kern).

Wenn wir die Protozoen als tierische Lebewesen bezeichnen, so ist doch zu beachten, daß in einer ihrer Klassen, nämlich bei den Geißeltieren oder Flagellaten, eine Grenze zu den pflanzlichen Einzelligen nicht gezogen werden kann. In dieser Klasse finden wir Vertreter, die in ihrer Ernährungsweise rein tierisch (heterotroph) sind, andere, die Chlorophyll (Blattgrün) enthalten und sich wie Pflanzen ernähren (autotroph), und wieder andere, bei denen beide Formen der Ernährung zugleich vorkommen (mixotroph).

Da solche Verschiedenheiten Arten eignen, die ihrer sonstigen Organisation nach nahe verwandt sind, so müssen in eine systematische Betrachtung der Protozoen auch die mehr oder weniger pflanzlichen Flagellaten mit aufgenommen werden. Von den rein autotrophen zu den rein heterotrophen Formen ergeben sich Entwicklungsreihen, die offenbar von stammesgeschichtlicher Bedeutung sind.

2. Die Zellnatur der Protozoen

Als Einzeller sind die Protozoen fast durchweg sehr kleine Lebewesen, von denen die größten dem unbewaffneten Auge gerade noch sichtbar, die meisten aber nur mit Hilfe des Mikroskops wahrnehmbar sind. Doch sind im Rahmen der Einzelligkeit die Größenunterschiede nicht geringer als in den Klassen der Metazoen. Die Größe der Protozoen wird gewöhnlich nach Tausendsteln eines Millimeters gemessen (0,001 mm = 1 Mikron, μ). Die kleinsten Geißeltierchen sind nur 3 μ groß, während z. B. das bandförmig gestaltete Wimpertierchen *Spirostomum ambiguum* 3 mm Länge erreicht. Das ist etwa derselbe Unterschied, wie zwischen dem kleinsten und dem größten Säugetier, einer Zwergmaus und dem 30 m langen Blauwal.

Die Zellnatur der Protozoen bringt es mit sich, daß die allgemeinen Erkenntnisse der Zellenlehre auch für sie Gültigkeit haben und daß sie als einzeln lebende Zellen bevorzugte Objekte der Zellforschung sind. Die lebende Substanz des Zellkörpers, das Protoplasma, ist in ihrer Elementarstruktur aufzufassen als ein Kolloidsystem, dessen retikulär-disperse Phase ein Gerüst fadenförmiger Eiweißmoleküle zusammen mit Molekülen anderer Stoffe bildet. Diese Struktur ist mikroskopisch nicht sichtbar; im mikroskopischen Bild wirkt das Protoplasma homogen, sofern es nicht durch eingelagerte Körnchen oder Flüssigkeitströpfchen granuliert oder vakuolisiert erscheint. Oft ist eine Schichtung vorhanden. So läßt sich bei Amöben (Abb. 1) gewöhnlich ein homogenes Ektoplasma von dem mit Einschlüssen versehenen Entoplasma unterscheiden. Diese Plasmapartien sind nicht scharf gesondert und gehen bei fließenden Bewegungen ständig ineinander über. In anderen Fällen besteht eine scharfe Abgrenzung der Schichten. Bei Sonnentierchen (Heliozoen), z. B. *Actinosphaerium* (Abb. 2), unterscheidet man die grob vakuolisierte Rindenschicht von der feineren Markschicht. Der Zellkörper der Radiolarien wird durch eine kräftige Membran in eine Zentralkapsel und eine extrakapsuläre grobschaumige Protoplasmamasse gesondert (Abb. 53). Auch bei den Wimpertierchen (Ciliophoren) ist die als Kortikalplasma bezeichnete, an fädigen Strukturen reiche Außenschicht deutlich gegen das Innere abgesetzt.

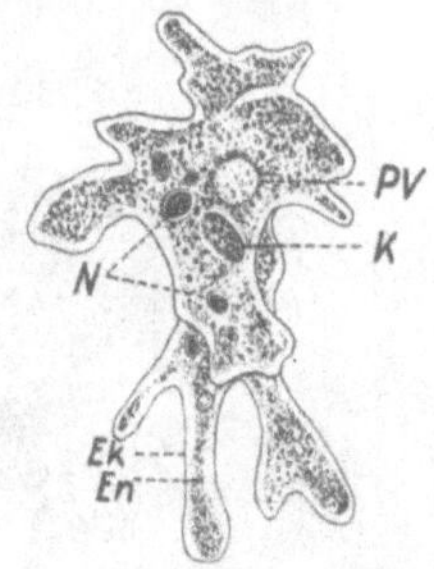

Abb. 1. *Amoeba proteus*. — Nach Doflein Ek Ektoplasma, En Entoplasma, K Kern, N Nahrungskörper, PV pulsierende Vakuole

Der im Entoplasma gelegene Zellkern ist ein von der umgebenden Körpermasse stets scharf abgegrenztes, mit einer Membran umhülltes Gebilde. Seine Substanz (Karyoplasma) weist chemische Unterschiede von der umgebenden Körpersubstanz (dem Cytoplasma) auf. Infolge abweichender Lichtbrechung ist der Kern auch im lebenden Zellkörper mehr oder weniger deutlich sichtbar. Bei der Herstellung gefärbter Präparate zeigt sich, daß er neben einem oder mehreren Binnenkörpern (Nukleolen) als Chromatin bezeichnete Körnchen enthält, die durch basische Farbstoffe färbbar sind. Diese Körnchen geben auch eine positive Nuklealreaktion, eine chemische Farbreaktion zum Nachweis der Desoxyribonukleinsäure. Die DNS bildet mit basischen Eiweißkörpern die Nukleoproteide, welche das Substrat der Gene, der wirksamen Faktoren aller Lebenserscheinungen, darstellen.

Die Gene sind in bestimmten Kernbestandteilen angeordnet, den Chromosomen, die als gesonderte Einheiten meist nur während der Kernvermehrung erkennbar sind. Ihre Anzahl ist bei jeder Art konstant, und wenigstens einen vollständigen Chromosomensatz (Genom genannt) muß der Protozoenkern enthalten. Sind mehrere gleichartige Kerne in dem Zellkörper vorhanden, dann bildet ein jeder zusammen mit einer ihn umgebenden Cytoplasmapartie eine selbständig lebensfähige Einheit, die man als Energide bezeichnet. Man kann daher das vielkernige *Actinosphaerium* (Abb. 2) in mehrere Stücke zerschneiden, die sich alle wieder zu einem vollständigen, dauernd weiter gedeihenden Organismus regenerieren können, während bei Zerschneidung einer einkernigen Protozoenart (Amöbe) nur der kernhaltige Teil zu dauerndem Weiterleben befähigt ist. Actinosphaerium zerfällt auch in einer bestimmten Phase seiner Entwicklung, nämlich beim Auftreten von Befruchtungsvorgängen (S. 78) von selbst in lauter einkernige Elemente. Der Zellkörper dieses Sonnentierchens ist also polyenergid.

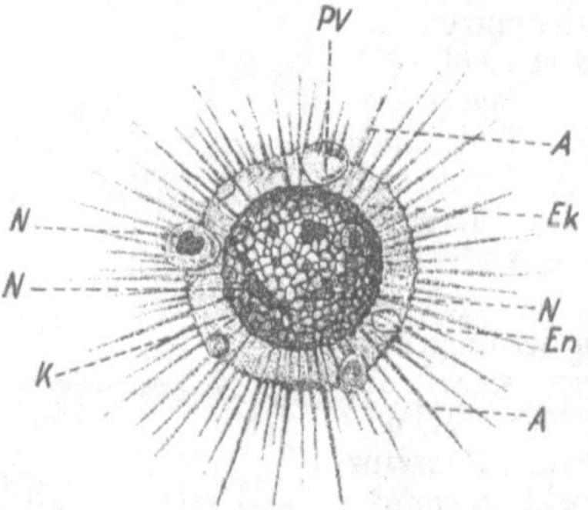

Abb. 2. *Actinosphaerium*. — Nach Doflein A Axopodien, Ek Ektoplasma, En Entoplasma, K Kern, N Nahrungskörper, PV pulsierende Vakuole

Auch der einzelne Kern kann mehr als ein Genom enthalten. Eine Verdoppelung der Chromosomenzahl (diploider Zustand) erfolgt bei jedem Befruchtungsvorgang durch die Verschmelzung zweier Kerne. Bei den auf geschlechtlichem Wege entstandenen Metazoen sind alle Zellkerne diploid; sie enthalten ein Genom mütterlichen und eines väterlichen Ursprungs, denn eine Trennung der Genome findet nur bei der Reifung der Geschlechtszellen (Eier oder Spermien) durch die Reduktionsteilung statt. Ebenso kann auch bei Protozoen der durch Kernverschmelzung entstandene diploide Zustand zahlreiche Generationen hindurch bis zum nächsten Befruchtungsakt erhalten bleiben. Die Kleinkerne aller Ciliophoren und die Kerne einiger Sonnentierchen (wie *Actinosphaerium)* sind diploid.

Die Anzahl der in einem Kern enthaltenen Genome kann noch größer sein. Wir sprechen dann von polyploiden Protozoenkernen. Während mit der als Mitose bezeichneten Kernteilung eine Spaltung aller Chromosomen verbunden ist, so daß jeder der beiden Tochterkerne wieder einen vollständigen Chromosomensatz aufweist, entsteht die Polyploidie durch Chromosomenspaltungen innerhalb des ungeteilt bleibenden Kernes, durch Endomitose. Polyploid sind z. B. die Großkerne aller Ciliaten und die Kerne mancher Radiolarien. Solche Kerne sind zugleich polyenergid, d. h. Teilstücke von ihnen können zusammen mit einer entsprechenden Cytoplasmapartie die Regeneration eines dauernd lebens- und fortpflanzungsfähigen Organismus herbeiführen. Ein Beispiel zeigt das Ergebnis der Zerschneidung eines Trompetentierchens *(Stentor)* in mehrere Stücke, die je einen Teil des perlschnurförmigen Großkerns enthalten (Abb. 3).

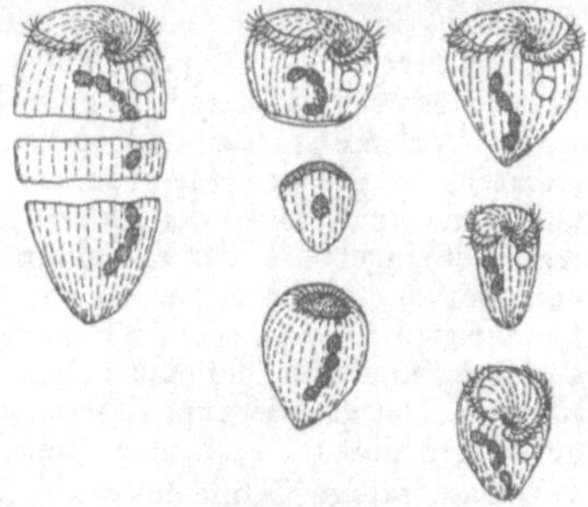

Abb. 3. Regeneration bei einem in 3 kernhaltige Stücke zerschnittenen *Stentor*. — Nach Gruber

Wie bemerkt, zeichnen sich die Wimpertierchen (Ciliaten) vor allen anderen Protozoen dadurch aus, daß sie stets zweierlei Kerne aufweisen, die wegen ihres bedeutenden Größenunterschiedes als Groß- und Kleinkern (Makro- und Mikronukleus) bezeichnet werden (Abb. 16). Der Kleinkern, seltener der Großkern, kann auch in der Mehrzahl vorhanden sein (Abb. 24). Die

Bedeutung dieses Kerndualismus wird uns aus der dem Kerne zufallenden doppelten Rolle verständlich. Einmal ist er Träger der Gene, welche das Erbgut der Zelle darstellen, und außerdem hat er gewisse Leistungen beim Ablauf der Lebensvorgänge zu erfüllen. Bei den vielzelligen Organismen fällt die erste Aufgabe den Kernen der unbegrenzt fortpflanzungsfähigen Geschlechtszellen (der Keimbahn), die zweite denen der übrigen Körperzellen (dem Soma) zu. Bei den meisten Protozoen sind beide Aufgaben in einem Kerne vereinigt, und da die Erbmasse unangetastet erhalten bleiben muß, ist neben diesem generativen Anteil noch für die Beteiligung am Lebensprozeß ein somatischer Anteil vorhanden. Bei den höchstorganisierten Protozoen, den Ciliaten, ist die den Metazoen eigene Trennung in Keimbahn und Soma im Rahmen der Einzelligkeit wenigstens bezüglich der Kerne durchgeführt: der Kleinkern ist der generative, der Großkern der somatische Kern. So wie aus den Geschlechtszellen der Metazoen die verschiedenen Organzellen hervorgehen, entstehen aus Abkömmlingen der Kleinkerne die Großkerne der Wimpertierchen. Das geschieht im Zusammenhang mit den Befruchtungsvorgängen dieser Organismen (vgl. S. 73).

Der auffällige Größenunterschied zwischen den beiden Kerntypen erklärt sich daraus, daß der somatische Kern, um seine Aufgaben im Zelleben zu erfüllen, in einem bestimmten Größenverhältnis zu dem ihn umschließenden Zelleib stehen muß, was bei dem generativen Kern entfällt. Die Wechselbeziehungen zwischen Kern und Cytoplasma bestehen in einer Aufnahme von Stoffen für das Wachstum des Kernes und in einer Abgabe von Stoffen, insbesondere von Fermenten, die im Stoffwechsel des Zellkörpers benötigt werden. Für die Intensität dieser Vorgänge ist aber mehr noch als das Volumen die Oberfläche des Kernes maßgebend. Die meisten Protozoenkerne sind von kugeliger Gestalt. Je größer aber eine Kugel ist, um so kleiner ist relativ ihre Oberfläche. So erklärt es sich, daß die Großkerne großer Ciliophoren vielfach eine Oberflächenvergrößerung erfahren haben, indem sie von der Kugelform abweichende bandförmige (Abb. 20), perlschnurförmige (Abb. 18) oder verzweigte Gestalten aufweisen. Am Kern eines Trompetentierchens wird durch die Perlschnurform, wenn sie 20 Anschwellungen aufweist, eine etwa 2,7fache Oberflächenvergrößerung erzielt. Auch die Vielkernigkeit mancher Protozoen wirkt sich in gleichem Sinne aus. Bei einem Actinosphaerium mit 100 Kernen ist die Summe der Oberflächen 4,6mal größer, als wenn ein einziger kugeliger Kern von gleichem Gesamtvolumen vorhanden wäre.

3. Gestalt

Die Gestalt der Protozoen wird in erster Linie durch die Eigenschaften der Zelloberfläche bestimmt. Ist das Oberflächenhäutchen, die Pellikula, sehr zart und sind auch im Zellinneren keine verfestigten Bestandteile vorhanden, so bedingt der flüssige Aggregatzustand des Protoplasmas eine Kugelgestalt, wie sie jeder Flüssigkeitstropfen aufweist. Jedoch bewirken gewöhnlich chemische oder physikalische Unterschiede in den Regionen des Zellkörpers, daß statt dessen eine unregelmäßige Gestalt auftritt, wie sie eine Amöbe zeigt (Abb. 1). Zumeist besitzt aber die Pellikula einen genügenden Festigkeitsgrad, um die mannigfaltigsten von der Kugelform abweichenden Gestalten zu ermöglichen. Diese Festigkeit wird häufig dadurch gesteigert, daß das Häutchen nicht ganz glatt, sondern gewellt oder mit Rippen, Furchen, Grübchen versehen ist. Solche Oberflächengestaltungen finden wir vornehmlich bei den Ciliaten. So weist das Pantoffeltierchen (Paramecium) eine aus Grübchenreihen bestehende regelmäßige Felderung auf (Abb. 4). Auch fadenförmige Einlagerungen (Fibrillen) kann die Pellikula enthalten, wenn an bestimmten Stellen eine besondere Starrheit erforderlich ist. So besitzen gewisse parasitische Flagellaten, die Lamblien, eine saugnapfartige Vertiefung der Unterseite, die von einer Randfibrille eingefaßt ist (Abb. 5).

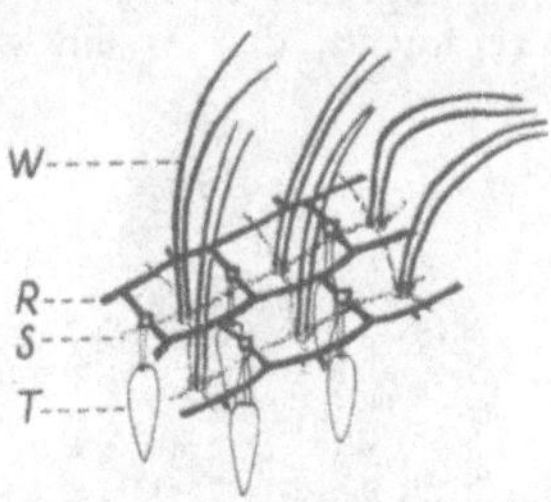

Abb. 4. Schema eines Oberflächenstückes von *Paramecium*. — Nach v. Gelei. R Rippenbildungen, S Silberliniennetz, T Trichocysten, W Wimpern

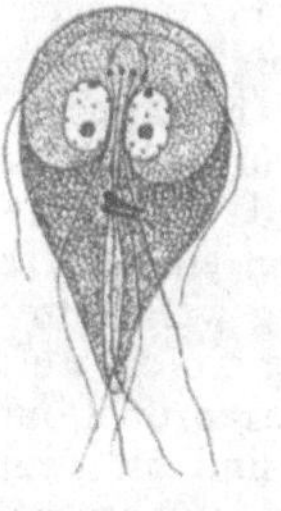
Abb. 5. *Lamblia intestinalis*

Ganz allgemein verbreitet ist ein Netzwerk von Fibrillen, das der Pellikula von innen angelagert ist. Da es nur durch die besondere Färbemethode der Versilberung nachweisbar ist, wird es als Silberliniensystem bezeichnet (Abb. 6). Bei den Ciliaten ist dieses System in seiner Ausgestaltung so mannigfaltig und dabei für die einzelnen Arten so kennzeichnend, daß es ein wichtiges Merkmal der Artunterscheidung ist.

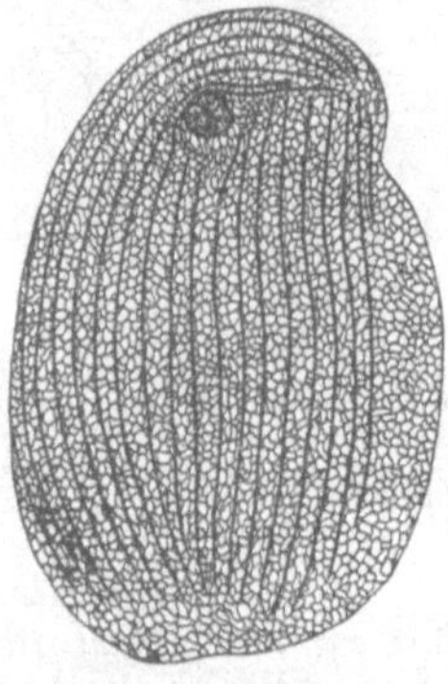

Abb. 6. *Chilodonella cucullulus*, Ventralseite. Silberlinien und Basalkörner der Wimpern. — Nach Klein

Auch in der Tiefe verlaufende Fibrillen treten als formbestimmende Elemente auf. Der Achsenstab bei einigen Flagellatengattungen wie *Trichomonas* (Abb. 15), der vorn eine Stütze für die Ursprungsstelle der Geißeln bildet und hinten mit zugespitztem Ende aus dem Zellkörper herausragt, setzt sich aus einem Fadenbündel zusammen. Ein ganzes Gerüst bilden zahlreiche Achsenstäbe z. B. bei der im Darme von Termiten vorkommenden vielkernigen *Calonympha* (Abb. 33); sie verleihen dem vorderen, geißeltragenden Körperteil Festigkeit und vereinigen sich nach hinten zu einem kompakten Stiel.

Alle solche Stützeinrichtungen lassen dem Zellkörper jedoch eine gewisse Elastizität, die es ihm ermöglicht, äußerem Druck nachgebend sich durch Engpässe hindurchzuzwängen und nach deren Überwindung die ursprüngliche Gestalt wieder herzustellen. Panzer- und Skelettbildungen verleihen dagegen vielen Protozoen eine starre unnachgiebige Körperform. Eine Panzerung weist unter den freilebenden Wimpertierchen die Gattung *Coleps* auf. Sie besteht aus Platten, die in 4 Gürteln angeordnet im Ektoplasma liegen (Abb. 7). Diese Platten sind an dem einen Seitenrande glatt, an dem anderen aber ausgezackt, so daß zwischen den Zacken Lücken in der Panzerung verbleiben, in denen die Wimpern eingepflanzt sind. Am Hinterende sind zudem noch 3 stachelartige Panzerplatten vorhanden. Bei den darmparasitischen Entodiniomorpha ist Panzerung sehr verbreitet und von mannigfacher Gestalt. Sie besteht aus zahlreichen mosaikartig zusammengesetzten Glykogentäfelchen (Abb. 57).

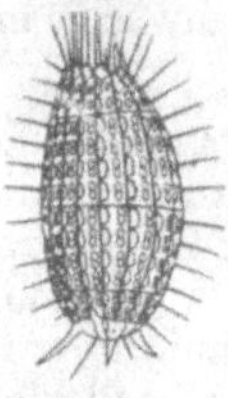

Abb. 7. *Coleps hirtus*

S k e l e t t gebilde aus anorganischer Substanz finden wir bei den Radiolarien, die in ungeheurer Formfülle im Meeresplankton auftreten. Die Substanz ist gewöhnlich Kieselsäure und als solche so unverwüstlich, daß Radiolarienskelette in den Tiefseeablagerungen der ältesten Erdperioden erhalten geblieben sind. Nur bei einer Gruppe, den Acantharien, bestehen die Skelette aus anderem Material, wahrscheinlich aus Strontiumsulfat, das löslich ist, und werden daher fossil nicht gefunden. Im einfachsten Falle setzen sich die Skelette aus zahlreichen losen nadelartigen Elementen zusammen. Bei stärkerer Skelettbildung sind zusammenhängende Gerüste vorhanden, deren Grundlage im wesentlichen radiäre Stacheln (Abb. 8) und konzentrische Gitterkugeln bilden. Die letzteren können in der Weise zustande kommen, daß an den Stacheln in einem bestimmten Abstand vom Körpermittelpunkt Verbreiterungen angesetzt werden, die weiter anwachsen, bis sich die benachbarten Teile berühren und schließlich verschmelzen (Abb. 9).

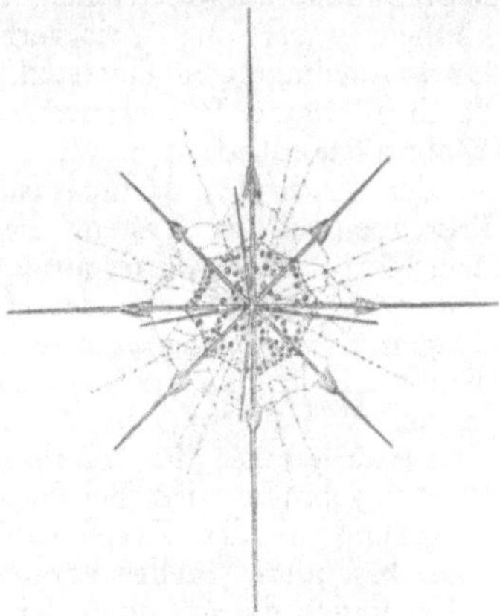

Abb. 8. *Acanthometra.* — Nach R. H e r t w i g

Durch die mannigfaltigsten Kombinationen radiärer und konzentrischer Elemente kommt eine Fülle der eigenartigsten und formvollendetsten Gebilde, Helm-, Urnen-, Glockenformen usw. zustande (Abb. 54). Vielfach ragen die äußeren Skeletteile weit aus der Körpersubstanz heraus und bilden auf diese Weise einen Teil der Einrichtungen, die den Radiolarien das freie Schweben im Wasser ermöglichen.

Abb. 9. *Dorataspis*, Skelett. — Nach Popofsky

Eine starke Festigkeit gewinnt die Körpergestalt durch Hüllbildungen, die von vielen Protozoen an der Oberfläche abgeschieden werden. Hüllen, die nur zeitweise als Schutzeinrichtungen entstehen und die den Zellkörper vollständig gegen die Umwelt abschließen, werden als Zysten bezeichnet. Zystenbildung dient insbesondere den Protozoen des Süßwassers dazu, ungünstigen Lebensbedingungen, wie Fäulnis oder Nahrungsmangel oder Austrocknung ihres Wohnraumes zu widerstehen. Im Schutze der Zystenhülle können sie oft lange Zeit verharren, bis wieder günstige Umweltbedingungen eintreten. Die Zysten können auch durch allerhand Wassertiere oder nach Austrocknung der Wohnstätte durch den Wind an andere Orte getragen werden. Auch viele darmparasitische Protozoen bilden Zysten, die aus dem Körper ihres Wirtes ausgeschieden werden und die der Übertragung auf andere geeignete Wirte dienen. Die Öffnung der Zysten kann in der Weise erfolgen, daß durch Wasseraufnahme die Hülle zum Platzen gebracht wird. Bei Parasiten ist häufig in der Zystenwandung eine besondere Stelle vorgebildet (Mikropyle), die sich unter der Einwirkung der Darmsäfte des neuen Wirtes öffnet.

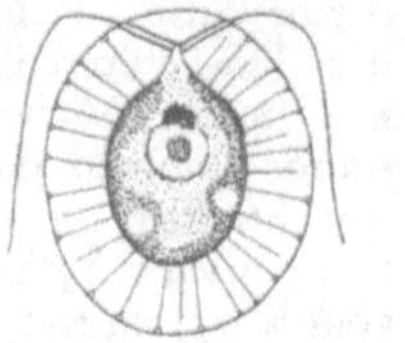

Abb. 10. *Haematococcus pluvialis*. Vor dem Kern Hämatochrom, am Rande rechts stabförmiges Stigma

Sehr verbreitet sind Hüllen oder Gehäuse als Dauereinrichtungen. Bei pflanzlichen Flagellaten bestehen sie gewöhnlich aus Zellulose und sind mit Poren zum Austritt der Geißeln versehen (Abb. 46) oder vorn kelchartig geöffnet (Abb. 42). Manchmal, z. B. bei *Haematococcus*, ist auch eine dicke gallertige Umhüllung vorhanden, die nicht nur von den Geißeln sondern auch von feinen Protoplasmasträngen durchbohrt ist (Abb. 10). Sonst bestehen die Hüllbildungen aus einer als Tektin bezeichneten Schleimsubstanz, oder diese bildet die Grundlage, der zu weiterer Verfestigung noch andere Bestandteile ein- oder aufgelagert sind. Das Tektin wird an der Zelloberfläche in Form von Tröpfchen oder Stäbchen ausgeschieden, die im Wasser quellen, miteinander verkleben und erstarren.

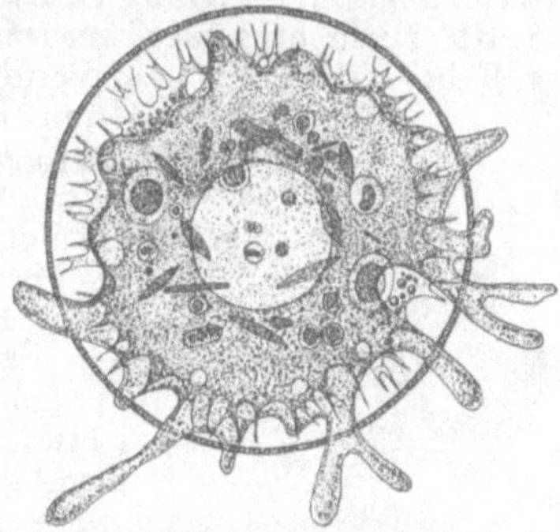

Abb. 11. *Arcella vulgaris* von der Ventralseite. Mit 2 Kernen, zahlreichen pulsierenden Vakuolen und Nahrungskörpern

Unter den beschalten Rhizopoden haben wir die einkammerigen Testaceen und die gewöhnlich vielkammerigen Foraminiferen zu unterscheiden. Das schüssel-, napf- oder urnenförmige Testaceengehäuse ist mit einer großen Mündungsöffnung versehen. Es wird entweder von dem Zellkörper völlig ausgefüllt oder dieser ist mittels feiner Fortsätze an seiner Wandung aufgehängt (Abb. 11). Das meist flachgewölbte Gehäuse der Arten der Gattung *Arcella* besteht ganz aus organischer Substanz, dem Tektin, das durch Spuren von Eisen braun gefärbt ist. Eine feine sechseckige Felderung läßt bei starker Vergrößerung seine Zusammensetzung aus einzelnen Teilchen erkennen. Bei anderen Gattungen, z. B. *Difflugia* (Abb. 50), sind dem Tektin harte Fremdkörper, Sandkörnchen oder auch Diatomeenschalen, eingelagert. Diese werden wie Nahrungsteilchen von dem Organismus einverleibt und bei einer Neubildung des Gehäuses (bei der Vermehrung) an der Oberfläche ausgeschieden, wo sie in mosaikartiger Zusammensetzung durch das Tektin miteinander verkittet werden. Wieder andere Gattungen sind befähigt, im Protoplasma Kieselsäureplättchen zu bilden, die an der Oberfläche zu einer einheitlichen Schale zusammengefügt werden. Die Plättchen können, z. B. bei *Nebela*, von ganz verschiedener Form und Größe sein und wie die Fremdkörper bei *Difflugia* ein Mosaik bilden. Bei *Euglypha* (Abb. 51) sind diese Gebilde ovale Schuppen, die bei manchen Arten teilweise stachelartige Fortsätze tragen. Sie sind sehr regelmäßig angeordnet und nur am Mündungsrand des Gehäuses durch Zähnelung abweichend gestaltet.

Abb. 12. *Rotalia freyeri*. — Nach M. Schulze

Die kompliziertesten Gehäuse weisen die im Meerwasser verbreiteten, gewöhnlich vielkammerigen Foraminiferen auf. Die Vielkammerigkeit entsteht im Zusammenhang damit, daß diese Organismen von einer winzigen Jugendform, die sich zunächst mit einer einfachen Schale (Embryonalkammer) umgibt, nach und nach zu stattlicher Größe heranwachsen. Dabei tritt von Zeit zu Zeit ein Teil des Protoplasmas aus der Behausung hervor und umgibt sich mit neuer Schalensubstanz, die an die alte Schale angebaut wird. Jede neu gebildete Kammer ist größer als die voraufgehende.

Die Foraminiferengehäuse zeichnen sich fast durchweg durch Dickwandigkeit und Festigkeit aus. Die Verfestigung der organischen Grundlage kann in Fremdkörpern, zumeist Sandkörnchen, bestehen. Bei der großen Mehrzahl setzt sich die Schale aber aus Kalkspat zusammen, der im Protoplasma gebildet und geformt wird. Durch eine oder mehrere Mündungsöffnungen stehen die einzelnen Kammern miteinander und steht die letzte Kammer mit der Außenwelt in Verbindung. Im übrigen kann die Wandung undurchbrochen sein oder aber zahlreiche Poren aufweisen, durch welche Protoplasmastrahlen hervortreten (imperforate und perforate Gehäuse, Abb. 12).

Die große Mannigfaltigkeit der Foraminiferengehäuse ist bedingt durch die Gesetzmäßigkeit, mit der in jedem Falle die Bildung neuer Kammern erfolgt. Sie beruht auf der verschiedenen Lage der Mündungsöffnungen, dem Grade der Ausbreitung des heraustretenden Protoplasmatropfens und der Form seiner Wölbung. Überwiegend sind die Schalen schneckenförmig gewunden, wobei die jüngste Kammer mehr oder weniger weit die älteren überdeckt, manchmal so weit, daß nur die 2 oder 3 letzten Kammern von außen sichtbar sind (Abb. 34). Häufig sind die Kammern auch perlschnurartig in einer oder mehreren Reihen aneinandergefügt (Abb. 52).

Unter den Ciliaten sind vornehmlich die im Meeresplankton in großer Formfülle auftretenden, im Süßwasser spärlich vorkommenden Tintinniden durch den Besitz eines Gehäuses ausgezeichnet (Abb. 19). Dieses ist von becher-, urnen- oder röhrenförmiger Gestalt, besitzt einen wabigen Bau und eine glatte oder mit leistenartigen Erhebungen versehene Oberfläche. Oft ist im vorderen Teil noch ein besonderer Schließapparat vorhanden, der über dem Tier zusammenklappt, wenn es sich ins Innere zurückzieht. Auch manche der auf Wasserpflanzen oder Wassertieren sich ansiedelnden peritrichen Ciliaten sind mit Gehäusen versehen, wie die Gattung *Vaginicola* (Abb. 59) und Verwandte. Diese Gehäuse sind an der Unterlage festsitzend, und die mit dem Hinterende an ihrem Grunde angehefteten und vorn weit herausragenden Tiere können sich durch Kontraktion ganz in das Innere zurückziehen. Manchmal ist auch noch eine Verschlußklappe vorhanden. Bei anderen Peritrichen beschränkt sich die Hüllbildung auf lange Stiele, mit denen sie festsitzen und die entweder einfach *(Vorticella)* oder, bei koloniebildenden Formen, verzweigt sind. Solche verzweigten Stiele können entweder hohl *(Epistylis*, Abb. 37) oder von

Protoplasma erfüllt sein (*Carchesium, Zoothamnium,* Abb. 20).

Derartige Stielbildungen, die zu den Hafteinrichtungen festsitzender Organismen gehören, sind auch sonst bei den Protozoen weit verbreitet. Sie können als hinterer Ansatz an den Gehäusen auftreten, wie z. B. bei der mit einem Protoplasmakragen versehenen Flagellatenfamilie der Craspedomonadinen (Abb. 22) oder bei manchen Sauginfusorien (Suctoria, Abb. 40). Sie können auch bei hüllenlosen Formen als rein protoplasmatische stielartige Verlängerungen des Zellkörpers vorhanden sein, die durch Abscheidung klebriger Substanz an einer Unterlage haften. Festheftung des Körpers erfolgt auch ohne Stielbildung mittels einer Haftscheibe (s. *Spirochona,* Abb. 31). Haftscheiben finden sich auch bei Parasiten, die an der Darmwand ihrer Wirte sitzen, so bei manchen der mundlosen Wimpertiere (Astomata). Mit einem Saugnapf, der fast die ganze Unterseite einnimmt, sind die Flagellaten der Gattung *Lamblia* versehen (Abb. 5). Besonders mannigfaltig gestaltet sind die Hafteinrichtungen, welche die darmparasitischen Gregarinen auszeichnen. Diese als Epimerit bezeichneten Differenzierungen des Vorderendes, die in die Darmwand eingebohrt sind, treten als knopf- oder lanzenförmige Anschwellungen auf oder sind mit finger- oder fadenförmigen Anhängen oder mit einem Hakenkranz versehen (Abb. 13).

Abb. 13. *Actinocephalus*

In der bei den Protozoen allgemein verbreiteten Fähigkeit, an der Oberfläche Tektinstäbchen auszuscheiden, auf der die Hüllen- und Gehäusebildung beruht, ist auch die Grundlage enthalten für die Bildung differenzierter Einrichtungen, die bei vielen Vertretern Verteidigungs- oder Angriffswaffen darstellen und die als Trichocysten bezeichnet werden. Sehr verbreitet bei den holotrichen

Ciliaten, weniger häufig bei Flagellaten, sind die Spindeltrichocysten, die gewöhnlich in großer Zahl unter der ganzen Körperoberfläche verteilt liegen (vgl. Abb. 4). Bei ihnen ist die quellbare Substanz von einer Hülle umschlossen. Auf einen heftigen Reiz werden sie als Ganzes ausgestoßen, wobei die Hülle platzt und der Inhalt sich zu einem langen Faden ausdehnt. Dadurch legt das Tier gewissermaßen ein Sperrfeuer zwischen sich und einen Angreifer. Elektronenoptische Untersuchungen haben gezeigt, daß diese Spindeltrichocysten nicht von so einfacher Struktur sind, wie sie im mikroskopischen Bild erscheinen. Bei *Paramecium* z. B. weist der ausgeschleuderte Schaft ebenso wie seine kompakte Spitze eine regelmäßige Querstreifung auf, worin offenbar seine molekulare Struktur in Gestalt parallel gelagerter gestreckter Polypeptidketten zum Ausdruck kommt; zudem ist an der zarten Hülle eine Spiralstruktur nachzuweisen. Eine andere Form, die Nesselkapsel-Trichocysten, sind den Nesselkapseln (Cnidae) der Cnidarier (Polypen und Medusen) ähnlich. Bei ihnen liegt in einer langgestreckten Kapsel ein feiner Schlauch spiralig aufgerollt, der bei der Ausschleuderung umgestülpt wird. Diese Gebilde dienen räuberisch lebenden Ciliaten zum Beuteerwerb, indem die von ihnen getroffenen Organismen festgehalten und gelähmt werden. Solche Stoßwaffen sind daher vornehmlich zu einem Bündel vereinigt, das den Zellmund umschließt (Abb. 21, 23, 56). Den Nesselkapseln ähnliche Gebilde kommen ferner bei gewissen Sporozoen vor, die daher als Cnidosporidia bezeichnet werden. Die der Übertragung dieser Parasiten dienenden eingekapselten Stadien (Sporen) sind mit einer oder mehreren sog. Polkapseln versehen, worin ein langer Faden spiralig aufgerollt ist (Abb. 55). Dessen Ausschleuderung erfolgt, wenn die Spore von einem Wirtstier einverleibt worden ist, unter dem Einfluß des Darmsaftes, und die Bedeutung des Polfadens liegt offenbar in der Verankerung der Spore an der Darmwand.

4. Bewegung

Die allermeisten Protozoen sind entweder ständig oder doch wenigstens auf gewissen Entwicklungsstadien zu selbsttätiger Ortsveränderung befähigt. Die Bewegungsweise und die ihr dienenden Einrichtungen sind verschieden, und die Bewegungsorganellen bilden zum Teil die Grundlage für die systematische Klasseneinteilung dieser Organismen. Wir unterscheiden folgende Arten der Bewegung:

1. fließende Bewegung, die durch Bildung sog. Scheinfüßchen oder Pseudopodien zustande kommt. Diese Einrichtung kennzeichnet die Klasse der Wurzelfüßler (Rhizopoden).

2. Bewegung durch Schwingungen fadenförmiger Körperanhänge, die entweder lang und in geringer Anzahl vorhanden sind und als Geißeln (Flagellen) bezeichnet werden, oder die kurz und zahlreich sind und Wimpern (Cilien) genannt werden. Die mit Geißeln versehenen Protozoen gehören zur Klasse der Geißeltiere (Mastigophoren oder Flagellaten), die mit Wimpern versehenen zur Klasse der Wimpertiere (Ciliophoren).

3. gleitende Bewegung ohne besonders kenntliche Einrichtungen, die einem Teil der Sporentiere (Sporozoa) eigen ist. Im übrigen kommen bei den Sporozoen verschiedene Bewegungsarten vor. Diese Klasse ist in anderer Weise gekennzeichnet, nämlich wie dies ihr Name ausdrückt, durch das Vorkommen bestimmter, der Verbreitung dienender eingekapselter Stadien (Sporen) in ihrem Entwicklungsgang.

4. Kontraktionsbewegungen durch Muskelfäden (Myoneme), die aber nur in seltenen Fällen der Ortsveränderung dienen.

Die Pseudopodien, auf denen die fließende Bewegung beruht, sind protoplasmatische Fortsätze, die nur auftreten können unter der Voraussetzung, daß das Oberflächenhäutchen zart und nachgiebig und nicht verfestigt ist. Sie können vorübergehende Bildungen oder solche von einer gewissen Dauerhaftigkeit sein, und ihre Rolle erschöpft sich nicht in der Bewirkung der Fortbewegung. Dementsprechend sind sie auch von verschiedenartigem Aussehen. Bewegungsorganellen sind hauptsächlich die Lobopodien, breite lappenförmige Gebilde, die bei den nackten Amöben an beliebigen Stellen hervorquellen, ihre Gestalt ständig wechseln, durch zunehmende Verlängerung das Vorwärtsfließen des ganzen Körpers in ihrer Richtung bewirken, aber auch wieder sich verkürzen und in der Körpermasse aufgehen können, um an anderer Stelle neu herauszuwachsen (Abb. 1). So kommt entweder ein gerichtetes Vorwärtsfließen oder ein Hin- und Herfließen einer Amöbe zustande. Bei den mit einem Gehäuse versehenen Amöben (Testaceen) ist die Lobopodienbildung auf diejenige Körperstelle beschränkt, wo der Zellkörper an der großen Mündungsöffnung mit der Außenwelt in Berührung kommt (Abb. 11).

Andere beschalte und unbeschalte Amöben sind mit schlankeren, am Ende zugespitzten Pseudopodien versehen, die als Filopodien unterschieden werden. Auch diese können der Fortbewegung dienen, sind aber im allgemeinen formbeständiger. Bei manchen Amöben können sie auch anstelle der Lobopodien auftreten, wenn diese Organismen nicht auf einer Unterlage kriechen, sondern in einen frei schwebenden Zustand übergehen. Die Filopodien sind dann starr nach allen Seiten ausgestreckt und dienen als Schwebeeinrichtung.

Wenn die Pseudopodien sich zu langen dünnen, mit einander verästelten Fäden ausbreiten, so bezeichnet man sie als Rhizopodien. Diese Form findet sich in vollendetster Ausbildung bei den Foraminiferen (Abb. 12) und auch bei den Radiolarien. Die Hauptaufgabe dieser netzförmigen Bildungen liegt im Beutefang für die Nahrungsaufnahme. Doch bewirken die Rhizopodien der Foraminiferen, die durch zentrifugale und zentripetale Protoplasmaströmungen in ständiger Veränderung sind, sich also wechselnd verkürzen und dann wieder ausbreiten, auch eine Ortsveränderung des ganzen Gehäuses.

Damit die feinen fadenförmigen Fortsätze, in deren Oberflächenschicht wir Protoplasmaströmungen beobachten, einen gewissen Festigkeitsgrad besitzen, müssen sie mit einer verfestigten Achse versehen sein. Wie aus polarisationsoptischen Beobachtungen zu schließen ist, kommt die Starrheit der Achse in der Weise zustande, daß die in den Strömungen ungeregelt gerichteten fädigen Eiweißmolekeln sich in Parallellagerung aneinanderfügen. So wird durch zentrifugale Strömung eine Verlängerung, durch zentripetale eine Verkürzung der Pseudopodien herbeigeführt. Bei den unverzweigten fadenförmigen Pseudopodien der Heliozoen, die strahlenartig nach allen Seiten aus dem kugeligen Körper heraustreten, sind die starren Achsen infolge abweichender Lichtbrechung auch optisch wahrnehmbar. Sie setzen sich zudem mehr oder weniger weit in das Körperinnere fort, wo sie entweder frei endigen (Abb. 2) oder eine Stütze an dem zentral gelegenen Kern oder einem im Körpermittelpunkt gelegenen Zentralkorn finden. Diese ziemlich formbeständigen, als Axopodien bezeichneten Gebilde sind keine Bewegungsorganellen, sondern dienen der Nahrungsaufnahme und bei den meisten frei im Wasser schwebenden Vertretern auch als Schwebeeinrichtungen.

Die Geißeln der Flagellaten sind zu schwingenden Bewegungen befähigte fadenförmige Fortsätze, die den Körper meist an Länge übertreffen und einzeln oder zu mehreren, bei jeder Art aber in konstanter Zahl vorhanden sind. Eine Ausnahme machen nur gewisse, im Darme holzfressender Termiten vorhandene hochdifferenzierte Flagellaten, die sich durch den Besitz sehr zahlreicher Geißeln auszeichnen (Abb. 33). Im Bau ähneln die Geißeln den Axopodien insofern, als sie sich aus einer festen elastischen Achse und einem dünnflüssigen Überzug zusammensetzen. Die Achse kann vorn mehr oder weniger weit das Hüllplasma überragen, so daß die Geißel nach dem Ende zu dünner erscheint. Elektronenoptische Untersuchungen haben bei verschiedenen Flagellaten ergeben, daß die Achse der Geißel nicht ein einheitlicher Stab ist, sondern sich aus einem Bündel feinster Fäden zusammensetzt. Im übrigen sind zwei Typen zu unterscheiden, die Peitschengeißel und die bei den chlorophyllführenden Flagellaten und ihren Verwandten verbreitete Flimmergeißel. Während die erstere eine glatte Oberfläche aufweist, ist bei der letzteren der Schaft in ganzer Länge mit feinsten haarartigen Anhängen besetzt, die nur durch besondere Färbeverfahren oder bei Dunkelfeldbeobachtung wahrnehmbar sind. An der Ursprungsstelle jeder Geißel liegt ein in gefärbten Präparaten nachweisbares Basalkorn (Abb. 5, 15, 29), ein Gebilde, von dem die Entstehung neuer Geißeln ausgeht und dessen Teilung daher Voraussetzung für eine Neubildung ist.

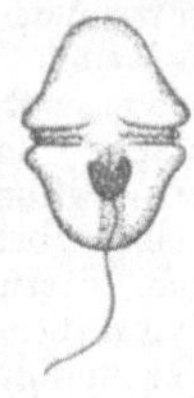

Abb. 14. *Glenodinium cinctum*

Gewöhnlich entspringen die Geißeln am Vorderende des Körpers und sind nach vorn gerichtet; zuweilen erstreckt sich eine von ihnen auch als Schleppgeißel nach hinten. Die Schleppgeißel kann mit der Körperoberfläche verklebt sein oder auch im Körperinneren verlaufen und erst am Hinterende frei werden oder zutage treten. Die Dinoflagellaten zeichnen sich durch eine besondere Anordnung ihrer beiden Geißeln aus. Die Ursprungsstelle derselben liegt seitlich, die eine verläuft in einer Querfurche rings um den Körper herum und die andere als Schleppgeißel in einer nach hinten offenen Längsfurche (Abb. 14, 44). Manche parasitischen Flagellaten erfahren eine Steigerung der Bewegungsenergie durch das Vorkommen einer undulierenden Membran, die durch die Geißelbewegungen zugleich in Schwingungen versetzt wird. So ist bei den Trichomonaden die Schleppgeißel durch ein feines Häutchen mit der Körperoberfläche verbunden (Abb. 15). Bei den Blutparasiten der Gattung *Trypanosoma* entsteht die undulierende Membran in der Weise, daß die Geißel nahe dem Hinterende des schlanken Körpers entspringt und sich als Randfaden eines feinen Häutchens nach vorn erstreckt, bis sie am Vorderende frei wird (Abb. 28).

Abb. 15. *Trichomonas vaginalis*

Die Bewegungsweise der Geißeln ist mannigfaltig. Sie bewegen sich meist mit großer Geschwindigkeit, mit mehr als 10 Schlägen in der Sekunde, und die Art der Bewegung ist daher schwer erkennbar. Am leichtesten ist sie noch der Beobachtung zugänglich, wenn nur e i n e Geißel vorhanden ist. Es zeigt sich dann, daß auch die einzelne Geißel zu verschiedenen Bewegungsformen befähigt sein kann. Der einfachste Fall ist eine Zugwirkung durch drehende Schwingung um einen kegelförmigen Raum. Häufiger ist eine Art Ruderbewegung durch seitliche Schläge, wobei der Schlag nach hinten in gestrecktem, der Rückschlag zu leichterer Überwindung des Wasserwiderstandes in stark gekrümmtem Zustand erfolgt. Auch schlängelnde Bewegung in einer Ebene kommt vor. Sie ist besonders den Schleppgeißeln eigen, sofern diese nicht überhaupt unbewegt verharren und im wesentlichen der Steuerung dienen. Bei allen Geißeln, die mit einer undulierenden Membran verbunden sind, ist die schlängelnde Bewegung die einzig mögliche. Schließlich kommt auch zur Beobachtung, daß die Geißel nicht im ganzen, sondern nur in ihrem Endstück Schwingungen ausführt.

Die W i m p e r n, die Bewegungseinrichtungen der Ciliophoren, entsprechen im Bau den Peitschengeißeln. Auch bei ihnen ist die Zusammensetzung des Achsenfadens aus einem Fibrillenbündel elektronenoptisch nachgewiesen, und zwar scheinen regelmäßig 11 Fäden vorhanden zu sein, von denen 9 ringförmig 2 mittlere umgeben. Die Wimpern sind jedoch kurze, stets in großer Anzahl vorhandene Gebilde. Wie die Geißel entspringt auch eine jede Wimper von einem Basalkorn. Bei den ursprünglichsten Vertretern der Ciliophoren bedecken sie, in Reihen angeordnet, als einheitliches Wimperkleid die ganze Oberfläche. Dabei sind sie in langen Furchen eingepflanzt oder stehen auch einzeln, manchmal auch paarweise, in besonderen Grübchen (Abb. 4). Selten treten sie auf der Höhe rippenartiger Erhebungen hervor (z. B. bei *Loxodes)*. Bei anderen Ciliophoren beschränkt sich die Bewimperung auf mehr oder weniger ausgedehnte Körperstellen, z. B. auf die Bauchseite *(Chilodonella* Abb. 6) oder auch auf einige quer verlaufende Wimperkränze *(Didinium,* Abb. 56). Bei den Sauginfusorien (Suctoria) ist die Bewimperung nur im Jugendstadium vorhanden und im ausgebildeten Zustand verloren gegangen.

Die Leistung der einfachen Wimpern ist eine Ruderbewegung, wie sie auch bei Geißeln vorkommt, mit Vorschlag in gestrecktem Zustande und Rückschlag unter starker Krümmung, an die Körperwand angeschmiegt. Dabei beginnt jede in der Reihe folgende Wimper um den Bruchteil einer Sekunde später zu schlagen als die voraufgehende, so daß man, wenn ein zusammenhängendes Wimperkleid vorhanden ist, regelmäßige Bewegungswellen die Wimperreihen entlanglaufen sieht. Gewöhnlich geht die Schlagrichtung der Wimpern schräg nach hinten. Dadurch ist mit der Vorwärtsbewegung des Körpers zugleich eine Achsendrehung verbunden. Doch können die Wimpern ihre Bewegungsrichtung ändern. Bei seitlichem Schlage bewirken sie eine Körperdrehung auf der Stelle und beim Schlage schräg nach vorn ein Rückwärtsschwimmen.

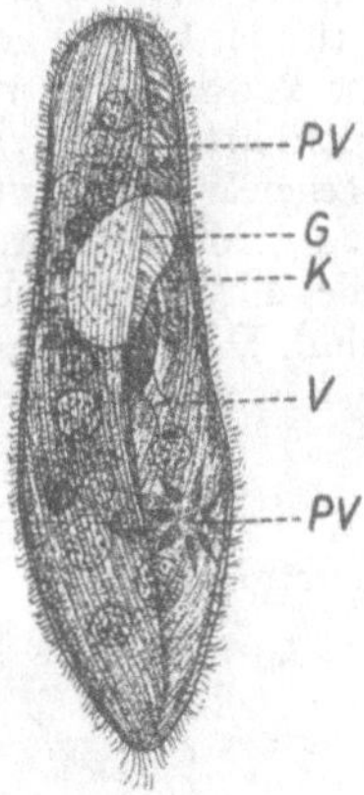

Abb. 16.
Paramecium caudatum.
G Großkern, K Kleinkern, PV pulsierende Vakuole, V Vestibulum mit Empfangsvakuole

Meist befinden sich die Wimpern in unaufhörlicher Bewegung. Doch gibt es auch Arten, die zeitweilig mit starr ausgestreckten Wimpern still liegen können. Ein Berührungsreiz führt dann sofortige erneute Bewegung herbei. Andererseits können auch begrenzte Gruppen bewegter Wimpern durch Berührungsreiz zum Stillstand veranlaßt werden. Dieser Zustand kann vorübergehend sein. In der Unterordnung der Thigmotricha führt ein solches Verhalten eines bestimmten Wimperfeldes zur Anheftung an einer Fläche, wobei es sich meist um den Sitz in der Mantelhöhle von Muscheln handelt. Es ist hieraus ersichtlich, daß den Wimpern auch eine Tastfunktion zukommt. Manche Wimpern sind ganz zu Tastorganellen spezialisiert und schlagen niemals. Solche starren Elemente können zwischen den übrigen Wimpern verteilt auftreten oder sich an bestimmten Körperstellen befinden. Bei den Paramecien z. B. sitzt ein Schopf starrer Wimpern am Hinterende (Abb. 16). Er dient vermutlich dazu, beim

Schwimmen die Körperstellung im Raume zu stabilisieren. In der Unterordnung der Hypotricha ist die Rückenseite mit Tastborsten besetzt, während die beweglichen Wimpern auf die Bauchseite beschränkt sind (Abb. 17).

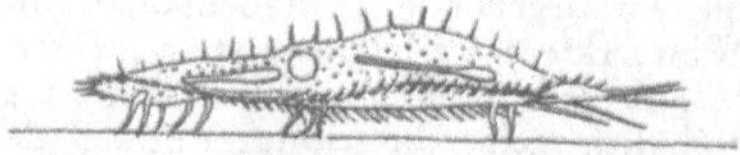

Abb. 17. *Stylonychia mytilus*, Bewimperung. Im Innern sichtbar pulsierende Vakuole mit 2 zuführenden Kanälen

Nur die Minderzahl der Ciliophoren ist ausschließlich mit gleichartigen einfachen Wimpern versehen. Meist finden sich daneben zusammengesetzte Gebilde, die durch Verklebung benachbarter Wimpern entstanden sind. Dabei umschließt das vermehrte Hüllplasma eine Anzahl von Achsenfäden. Durch die Verklebung eines Bündels von Wimpern entstehen kräftige griffelförmige Gebilde, die Cirren, die sich durch ruckartige Bewegungen auszeichnen und die mit ihnen versehenen Organismen befähigen, wie mit Gliedmaßen auf einer Fläche entlangzuschreiten (Abb. 17). Die Vertreter der Hypotricha liefern uns zahlreiche Beispiele, wie ein zunächst einheitliches Wimperkleid der Bauchseite in zunehmendem Grade sich in eine beschränkte Anzahl griffelförmiger Gebilde umgewandelt hat. Bei *Stylonychia* sind noch zahlreiche Wimpern am Körperrande vorhanden, während bei *Euplotes* (Abb. 58) die Bauchseite, abgesehen von der zum Munde führenden Membranellenzone, nur noch Cirren aufweist und bei *Aspidisca* die Zahl

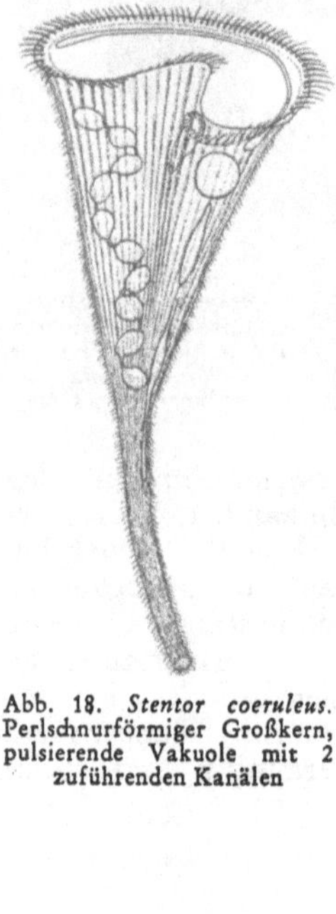

Abb. 18. *Stentor coeruleus*. Perlschnurförmiger Großkern, pulsierende Vakuole mit 2 zuführenden Kanälen

der Cirren auf 12 — nämlich 7 Stirn- und 5 Aftercirren — reduziert ist.

Die eben erwähnten Membranellen sind ebenfalls zusammengesetzte Gebilde. Sie sind aus der Verklebung in Reihe stehender Wimpern hervorgegangen, wobei entweder Wimpern einer Reihe oder mehrerer paralleler Reihen beteiligt sind, so daß zartere oder kräftigere, drei- oder viereckige Plättchen entstehen. Die Membranellen dienen nicht so sehr der Fortbewegung als vielmehr der Nahrungsaufnahme. Die umfangreiche Ordnung der Spirotricha ist dadurch gekennzeichnet, daß eine aus zahlreichen quergestellten Membranellen bestehende, meist spiral gewundene Zone zum Munde führt (Abb. 18, 58). Eine besondere Komplikation weisen die Membranellen der im Meeresplankton verbreiteten Tintinniden auf. Sie setzen sich aus einer Anzahl schlanker Lamellen (Pektinellen) zusammen, die im unteren Teil mit den Rändern verklebt, an der Spitze aber getrennt, also kammähnliche Gebilde sind (Abb. 19). Wenn die Wimpern einer langen Reihe miteinander verkleben, dann entsteht eine undulierende Membran, die also, als aus zahlreichen Einzelelementen zusammengesetzt, ganz anderer Natur ist als bei den Flagellaten. Die undulierenden Membranen dienen ebenfalls der Nahrungsaufnahme, indem durch ihre wellenförmigen Schwingungen die Nahrungsteilchen in die Mundöffnung gestrudelt werden. Die mit ihnen versehenen Ciliaten bilden die Unterordnung Hymenostomata. Auch in der Ordnung Peritricha mit 2 parallelen Wimperstreifen, die in spiraligem Verlauf zum Munde führen, sind die Wimpern des äußeren Streifens zu einer Membran verklebt (Abb. 20).

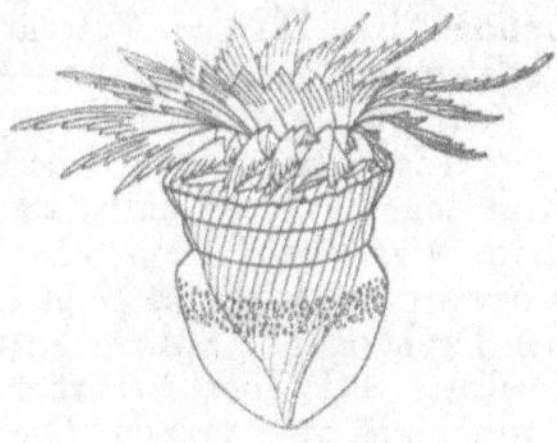

Abb. 19. *Petalotricha ampulla.* — Nach G. Entz

Große Schwierigkeiten bereitet die Erklärung, durch welchen Mechanismus die so verschiedenartigen Geißel- und Wimperbewegungen zustandekommen. Die verschiedenen Hypothesen, die entweder in dem Hüllplasma oder in dem Achsenfaden das kontraktile Element erblicken, haben alle zu keinem ganz befriedigenden Ergebnis geführt. Auch macht die neuere Erkenntnis, daß der Achsenfaden nicht einheitlich, sondern aus einem Fibrillenbündel zusammengesetzt ist, manche älteren Erklärungsversuche hinfällig.

Die durch die schwingenden fädigen Organellen bewirkte Bewegung ist so beschaffen, daß mit der Vorwärtsbewegung zugleich eine Drehung des Organismus um seine Längsachse verbunden ist. Da die Vorwärtsbewegung natürlicherweise nicht vollkommen geradlinig ist — vielleicht abgesehen von manchen Fällen, wo sie durch Schleppgeißeln gesteuert werden kann —, so werden durch die Körperdrehung die Abweichungen in alle Richtungen verteilt und damit ausgeglichen, und es kommt auf diese Weise bei freiem Schwimmen im Raume eine geradlinige Vorwärtsbewegung in einer Schraubenbahn zustande. Dabei ist die Drehung der Spirale entweder nach links oder nach rechts gerichtet, bei jeder Art aber konstant, wenn auch gelegentlich Ausnahmen vorkommen. Die Gestalt der Spirale, die Weite und Länge der Windungen, ist naturgemäß abhängig von der Geschwindigkeit der Vorwärtsbewegung und der Achsendrehung, sowie von dem Grade der Abweichung. Sie ist ebenfalls bei den Arten konstant. Einen Begriff von der durch die schwingenden Organellen erzielten Geschwindigkeit gibt die Feststellung, daß die in der Sekunde durchschwommene Strecke gewöhnlich das Mehrfache der Körperlänge beträgt. Die Geschwindigkeit einiger Flagellaten der Gattung *Euglena* wurde mit 0,1—0,2 mm/sec. bestimmt und die Geschwindigkeit großer Ciliophoren beträgt etwa 0,5—2,5 mm/sec.

Die Gleitbewegung, für deren Erscheinung die verhältnismäßig großen Gregarinen die bezeichnendsten Beispiele liefern und die auch an manchen Stadien der mit den Gregarinen verwandten Sporozoen, Coccidien und Hämosporidien, beobachtet wird, kommt zustande, ohne daß irgendwelche hierfür dienlichen Körperanhänge vorhanden sind oder der Körper Formveränderungen erfährt. Diese Bewegungsart steht im Zusammenhang mit der bei den Protozoen allgemein verbreiteten Fähigkeit, an der Oberfläche Schleim auszuscheiden. Man erklärt sie in der Weise, daß die im Wasser stark quellbare Substanz in diesen Fällen in Gestalt zahlreicher feiner Fäden austritt, die nach hinten umknicken und durch ihren Quellungsdruck den Körper vorwärts schieben. Die auf diese Weise zustande kommende Bewegung ist nicht sehr ausgiebig und beträgt nur wenige Mikra in der Sekunde.

Bei den Gregarinen und ihren Verwandten kommen auch Veränderungen der Körpergestalt in Form von Kontraktionen, Knickungen und ringförmigen Einschnürungen zur Beobachtung, die jedoch mit dem Mechanismus der Vorwärtsbewegung nichts zu tun haben; höchstens, daß durch seitliche Knickungen Richtungsänderungen der Bewegung bedingt sein können. Solche Gestaltsveränderungen beruhen auf dem Vorhandensein kontraktiler, den Muskelfibrillen der höheren Tiere vergleichbarer Fasern, die als Myoneme bezeichnet werden. Diese sind im Ektoplasma gelegen und treten bei den Gregarinen hauptsächlich als längs und ringförmig verlaufende Fasern auf. Sehr verbreitet sind die Myoneme bei den Ciliaten, bei denen sie vornehmlich als zahlreiche längs oder auch in Spiralwindungen angeordnete Fasern vorhanden sind, deren durch Berührungsreize oder andere Reize bewirkte Kontraktion eine plötzliche starke Verkürzung des Körpers herbeiführt. Sie stellen somit eine Schutzeinrichtung dar, die besonders augenfällig ist bei solchen Formen, die sich durch die Kontraktion vollständig in ein schützendes Gehäuse zurückziehen können (Abb. 19 u. 59) oder bei vielen der mit Stielen festsitzenden Peritrichen, bei denen sich die Myoneme am Hinterende zu einem Stielmuskel vereinigen, der bei der Kontraktion zugleich eine schraubige Aufrollung des Stieles bewirkt

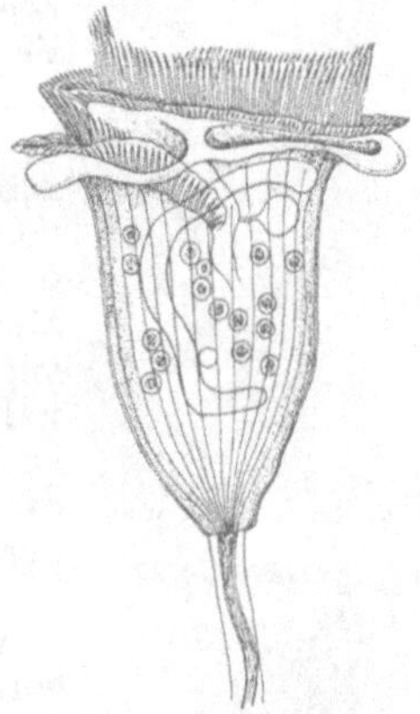

Abb. 20. *Carchesium polypinum.* Bandförmiger Großkern mit ansitzendem Kleinkern, pulsierende Vakuole mündet in das Vestibulum

(Abb. 20). Bei den Peritrichen umfassen Myoneme zudem auch ringförmig das breite Mundfeld und bewirken durch ihre Kontraktion eine Einstülpung des empfindlichen Wimperapparates. Zuweilen kann die Kontraktilität auch im Dienste des Nahrungserwerbes stehen. Das ist der Fall bei der höchst eigenartigen *Lacrymaria olor* (Abb. 21), die bei der Nahrungssuche still liegt und mit Hilfe des außerordentlich beweglichen, bis zur achtfachen Körperlänge ausdehnbaren Halsabschnittes ihre Umgebung in weitem Umkreis absucht.

Abb. 21. *Lacrymaria olor*. Zellschlund mit Trichocysten; zwischen Nahrungsvakuolen zweiteiliger Großkern mit Kleinkern

Weniger häufig begegnen uns Myoneme bei den Flagellaten. Wir finden sie z. B. bei den Euglenen und bei den Blutparasiten der Gattung *Trypanosoma*. Doch treffen wir bei Flagellaten auch die seltenen Fälle an, wo Körperkontraktionen einen aktiven Ortswechsel herbeiführen. Es sind dies einige im Meere lebende Formen von schirmförmiger, kleinen Medusen ähnelnder Gestalt (z. B. *Leptodiscus medusoides*). Diese bewegen sich auch ganz nach Art der Medusen, indem der Schirmrand durch rhythmische Kontraktionen der in ihm verlaufenden Myoneme nach hinten und innen zusammengezogen wird. Bei gewissen Radiolarien, den Acanthometriden, spielen Myoneme, hier Myophrisken genannt, eine Rolle bei der passiven Ortsveränderung. Diese Fasern sind mit dem einen Ende an den Skelettstacheln befestigt und mit dem anderen an dem Gallertmantel, der als weite Hülle den Radiolarienkörper umgibt (Abb. 8). Durch ihre Kontraktion erfolgt daher eine Volumenvergrößerung des Körpers, die ein Aufsteigen im Meerwasser bewirkt.

5. Der Stoffwechsel und seine Organellen

Der Stoffwechsel der einzelligen Organismen ist in dem Grundriß der Allgemeinen Mikrobiologie von W. Schwartz (Sammlung Göschen, Bd. 1155) ausführlich dargestellt. Indem wir darauf verweisen, beschränken wir uns hier auf die Betrachtung der für die Protozoen im besonderen gültigen Gesichtspunkte und auf die Beschreibung der dem Stoffwechsel dienenden Einrichtungen.

a) Ernährung. Man unterscheidet die ausgesprochen pflanzliche oder rein tierische Ernährungsweise als Autotrophie und Heterotrophie. Autotrophen Organismen dient als Kohlenstoffquelle die Kohlensäure, indem durch den Vorgang der Photosynthese mit Hilfe des Sonnenlichtes und des grünen Farbstoffes Chlorophyll Kohlenhydrate aus CO_2 und H_2O gebildet werden, und auch als Stickstoffquelle werden anorganische Verbindungen, Nitrate oder Ammoniumsalze, verwendet. Die heterotrophen Organismen benötigen demgegenüber sowohl als C- wie als N-Quelle organische Verbindungen. In der Klasse der Flagellaten finden wir die verschiedensten Zwischenformen in der Ernährungsweise zwischen diesen beiden Extremen. Viele chlorophyllführenden Flagellaten können in rein anorganischer Nährlösung gedeihen, während zahlreiche andere Arten besser fortkommen, wenn ihnen gleichzeitig organische Nahrung geboten wird. Solche Formen sind als mixotroph zu bezeichnen. Manche *Euglena*-Arten können ihren N-Bedarf überhaupt nicht aus anorganischer Quelle decken, sondern benötigen hierfür Aminosäuren oder sogar Peptone. Beim Fehlen des Lichtes oder der Kohlensäure sind manche chlorophyllführenden Flagellaten imstande, auch ihren C-Bedarf aus organischen Verbindungen zu decken. Die Art *Euglena gracilis* gedeiht auch in völliger Dunkelheit, wenn ihr als N-Quelle Peptone und als C-Quelle Salze niederer Fettsäuren (z. B. Natriumacetat) geboten werden.

Das Chlorophyll der gefärbten Flagellaten ist in abgegrenzten Gebilden von dichter Struktur, den Chromatophoren, enthalten. Diese gleichen durchaus denen der

Pflanzen, sind jedoch in den verschiedenen Flagellatengruppen mannigfaltig in der Form, scheiben-, band-, schüssel- oder plattenförmig und sind in Einzahl oder Mehrzahl vorhanden. Sie sind nicht immer rein grün, sondern in manchen Gruppen auch bräunlich oder gelblich gefärbt, da sie noch andere Farbstoffe, verschiedene Karotinoide, enthalten können, die das Chlorophyll mehr oder weniger überlagern. Zu den Karotinen gehört auch ein roter Farbstoff, das Hämatochrom, das bei einigen Flagellaten nicht an die Chromatophoren gebunden, sondern außerhalb derselben in Körnchenform im Protoplasma gelegen ist. Sein Auftreten wird hauptsächlich durch Stickstoffmangel des Nährmediums hervorgerufen. Bei stärkster Ausbildung kann es den Zellkörper ganz erfüllen, so daß bei massenhafter Entwicklung der betreffenden Flagellaten das Medium, das sie enthält, rot gefärbt erscheint. Das bekannteste Beispiel ist *Haematococcus pluvialis* (Abb. 10), der das Wasser frisch entstandener Regenpfützen färbt (Blutregen!). *Euglena sanguinea* erzeugt das Phänomen der Blutseen in den Alpen, andere Arten rufen die Erscheinung des roten Schnees im Gebirge oder die Rotfärbung von Salinenwasser hervor.

Soweit die aus der Photosynthese hervorgehenden Kohlenhydrate nicht unmittelbar im Stoffwechsel verbraucht werden, können sie als Reservestoffe im Zellkörper gespeichert werden. Das geschieht bei den meisten chlorophyllführenden Flagellaten, ebenso wie bei den Pflanzen, in Form von Stärke. In den Ordnungen der Chrysomonadinen und der Euglenoideen sind es von der Stärke chemisch abweichende Substanzen, bei den ersteren als Leukosin, bei den letzteren als Paramylum bezeichnet.

Die verschiedenen Ordnungen gefärbter Flagellaten weisen auch Vertreter auf, die sich von Formen gleichartiger Organisation nur dadurch unterscheiden, daß sie farblos sind. In dieser Weise entsprechen einander z. B. die Gattungen *Euglena* und *Astasia*, *Cryptomonas* und *Chilomonas* und unter den Phytomonadinen *Chlamydomonas* und *Polytoma*. Die des Chlorophylls entbehrenden Vertreter weisen die gleichen Organellen auf, die als Farbstoffträger dienen, jedoch als kleine farblose Gebilde (Leukoplasten). Diese Flagellaten sind auf niedere Fettsäuren als C-Quelle angewiesen, doch sind sie durch den Besitz der Leukoplasten zur Synthese der gleichen Kohlenhydrate (Stärke oder Paramylum) imstande wie ihre chlorophyllführenden Verwandten. Bezüglich der benötigten Stickstoffquellen verhalten sie sich verschieden. Manche können ihren Bedarf noch aus Mineralsalzen decken, während andere Aminosäuren oder noch komplexere Stickstoffverbindungen benötigen. Durch das Fehlen der Leukoplasten zeichnen sich schließlich die eigentlich tierischen, heterotrophen Flagellaten aus. Soweit sich diese ebenfalls von gelösten Stoffen ernähren, was hauptsächlich bei einem Teil der parasitischen Formen der Fall ist, können sie ihren C-Bedarf aus der gleichen Quelle wie den N-Bedarf decken (z. B. aus Peptonen) oder sie verwerten als C-Quelle Zucker (Trypanosomen) oder auch Stärke (Lamblien).

In den anderen Protozoenklassen sind es ebenfalls parasitisch lebende Vertreter, bei denen eine Ernährung ausschließlich durch gelöste organische Stoffe vorkommt. Sie ist kennzeichnend für die rein parasitischen Sporozoen sowie die Protociliata, sie findet sich ferner unter den typischen Ciliaten bei manchen Formen, welche die bei ihren freilebenden Verwandten vorkommende Mundbildung verloren haben und daher als Mundlose (Astomata) zusammengefaßt werden.

Zur Einverleibung der gelösten Nährstoffe anorganischer sowie organischer Natur sind keine besonderen Einrichtungen am Zellkörper erforderlich. Ihre Aufnahme erfolgt durch das Oberflächenhäutchen, die Pellikula, der somit ein gewisses Vermögen der Auswahl unter den gebotenen Stoffen zukommen muß.

Von den dargestellten Fällen abgesehen erfolgt die Ernährung der Protozoen durch Einverleibung geformter Bestandteile, die in der Hauptsache aus anderen, durch ihre Größe jeweils zur Aufnahme geeigneten Lebewesen bestehen. Das ist die eigentlich tierische Ernährungsweise.

Sie kommt in sehr verschiedenen Formen zustande. Zumeist stehen die Bewegungsorganellen auch im Dienste der Aufnahme geformter Nahrung und können für diese Aufgabe besondere Differenzierungen erfahren. Die Einverleibung von Nahrungskörpern kommt nicht nur bei heterotrophen, sondern auch bei zahlreichen mixotrophen Flagellaten vor. Durch die Geißelbewegung werden kleine Organismen an eine Stelle in der Nähe der Geißelbasis herangestrudelt, die im einfachsten Falle lediglich ein weicher, flüssiger Abschnitt der Oberfläche ist, an dem die Körperchen haften und einsinken. Häufig ist aber eine besonders differenzierte Mundbildung (Cytostom) vorhanden in Gestalt einer einfachen spaltförmigen Öffnung in der Pellikula oder in Verbindung mit einem Schlund (Cytopharynx), wie bei der zu den Euglenoidinen gehörigen, aber rein heterotrophen Familie Peranemidae. Eine besondere Hilfseinrichtung für die Nahrungsaufnahme besitzen die Vertreter der Familie Craspedomonadidae in Gestalt eines feinen Protoplasmakragens, der am Vorderende die Geißelbasis umfaßt (Abb. 22). Durch die Bewegung der Geißel werden Bakterien gegen die Außenwand des Kragens geschleudert und gleiten daran abwärts bis in den Raum innerhalb des den Körper umgebenden Gehäuses, von wo aus sie in das Körperinnere verlagert werden.

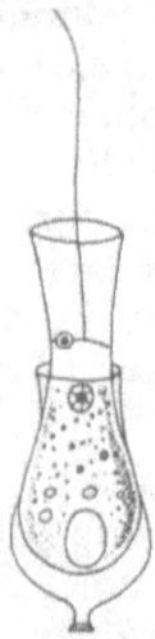

Abb. 22. *Salpingoeca* in Gehäuse. Innerhalb des Plasmakragens Kotvakuole

Manche Flagellaten sind auch befähigt, Nahrungskörper mit Hilfe von Pseudopodien aufzunehmen. Unter den Chrysomonadinen finden wir zahlreiche Vertreter, die vorübergehend Pseudopodien bilden sowie andere, die dauernd mit solchen versehen sind und bei denen auch die Geißeln verloren gegangen sein können (Familie Rhizochrysidae). Auch die hochdifferenzierten, im Darme holzfressender Termiten lebenden vielgeißeligen Flagellaten nehmen die verhältnismäßig großen Holztrümmer, die ihnen als Nahrung zu Gebote stehen, nach Art der Amöben auf, indem sie dieselben mit ihrem hinteren geißelfreien Körperteil umfließen (Abb. 33).

Den Rhizopoden dienen die verschiedenen Formen der Pseudopodien zur Einverleibung der Nahrung. Bei der fließenden Bewegung der nackten wie der beschalten Amöben (Testaceen) werden geeignete Nahrungskörper umflossen und auf diese Weise ins Innere befördert. Auch lange fadenförmige Gebilde können durch diesen Vorgang bewältigt werden. So wird ein Algenfaden zuerst an einer Stelle von einer Amöbe umflossen, dann werden Pseudopodien nach beiden Seiten längs des Fadens vorgeschoben und mitsamt dem ergriffenen Stück wieder eingezogen, bis der ganze Faden im Zellkörper zusammengeknäuelt ist. Durch diesen Vorgang können selbst Fadenwürmer (Nematoden) von großen Amöben verschlungen werden. Zum Fang lebhaft beweglicher Organismen sind die starren Axopodien der Heliozoen (Abb. 2) und die Rhizopodialnetze (Abb. 12) besonders wirksame Einrichtungen. Der Anprall der Beutetiere verursacht die Ausscheidung klebriger Substanz, an der sie hängen bleiben und die sie vielfach auch durch Giftwirkung unbeweglich macht. Dann strömt in der Oberflächenschicht der feinen Pseudopodien eine reichliche Menge Protoplasma herbei, das die Beute umhüllt und dessen Rückstrom sie schließlich in den Zelleib befördert. Viele Foraminiferen, deren Gehäuse nur von feinen Poren durchbrochen ist, welche größeren Körpern den Durchgang nicht gestatten, verdauen die Beute an Ort und Stelle in dem Rhizopodiennetz.

Bei den Ciliaten, die mit Ausnahme einiger parasitischer Vertreter von geformter Nahrung leben, sind Mundbildungen in sehr mannigfaltiger Ausgestaltung vorhanden. Nur bei einer Ordnung, den Sauginfusorien (Suctoria), hat sich eine eigenartige Einrichtung zur Nahrungsaufnahme in Gestalt der Saugtentakeln ausgebildet. Nach der Art des Nahrungserwerbes lassen sich bei den Wimpertieren die beiden biologischen Gruppen der Schlinger und der Strudler unterscheiden. Die S c h l i n g e r sind Jäger, welche verhältnismäßig große Beute, zumeist andere Ciliaten, aufsuchen, indem sie gewöhnlich lebhaft umherschwimmen oder auch in anderer Weise die Umgebung nach Beute absuchen, wie z. B. *Lacrymaria* (S. 32). Sie haben eine sehr erweiterungsfähige, oberflächlich und oft an einem verlängerten Vorderende gelegene Mundöffnung. Diese führt in einen Schlund, der mit einem Bündel von Angriffstrichocysten ausgestattet und dessen Wandung häufig durch ringförmig angeordnete Stäbchen (Reusenapparat) verstärkt ist (Abb. 21, 56). Wenn der Jäger gegen ein Beutetier stößt, dann wird das Trichocystenbündel ausgestoßen und haftet im Körper des Opfers, und dadurch, daß das Bündel zurückgezogen wird und auch das den Schlund erfüllende Protoplasma sich zurückzieht, wird die Beute einverleibt. Manche Arten können dabei erstaunlich umfangreiche, ihnen an Größe fast gleichkommende Objekte bewältigen. Systematisch entsprechen die Schlinger, bei denen keine Wimpertätigkeit an der Einverleibung der Nahrungskörper beteiligt ist, der Unterordnung Gymnostomata.

Sehr viel umfangreicher ist die biologische Gruppe der Strudler, denen als Nahrung zumeist nur sehr kleine Lebewesen, Bakterien oder einzellige Algen dienen, die durch einen von den Wimpern verursachten Wasserstrudel zur Mundöffnung befördert werden. Bei ihnen ist also ein Teil der Wimpern in den Dienst der Nahrungsaufnahme gestellt und diese Wimpern weisen für ihre Aufgabe eine vielseitige Anordnung oder Ausgestaltung auf. In der Umgebung des Mundes zeichnet sich ein besonderes Feld ab, das Peristom, das sich muldenförmig oder spaltförmig mehr oder weniger stark einsenkt und auf dessen Grunde sich entweder unmittelbar das Cytostom befindet oder noch eine trichter- oder röhrenförmige Fortsetzung, das Vestibulum, dessen Ende erst die eigentliche Mundöffnung darstellt. Einen solchen doppelt versenkten Zellmund weist z. B. *Paramecium* auf (Abb. 16). Daß das Vestibulum nicht ein Schlund, sondern ein Abschnitt der versenkten Körperoberfläche ist, ergibt sich daraus, daß sich die Bewimperung bis in dasselbe hinein erstreckt. Bei den am ganzen Körper gleichmäßig bewimperten Ciliaten kann auch das

Peristomfeld ganz von Wimpern bedeckt sein, doch weisen diese deutliche Lagebeziehungen zum Munde auf. Bei Paramecium verlaufen die Wimperreihen dort nicht gestreckt von vorn nach hinten, sondern in parallelen Bogenlinien um den Eingang zum Vestibulum herum (Abb. 16). So erzeugt der Wimperschlag eine Strömung, die am Vestibulum vorbeiführt, und die in dasselbe geratenden Bestandteile werden durch die in diesem Kanal befindlichen Wimpern zur Mundöffnung befördert. In anderen Fällen ist die Bewimperung des Peristoms stark reduziert und die vorhandenen Wimpern sind zu Membranen verklebt. Vielfach bildet dann eine Reihe besonders langer Wimpern eine segelartig hervorragende undulierende Membran *(Pleuronema)*.

Ein sehr kräftiger Strudelapparat ist vorhanden, wenn das Peristom mit einer langen, in das Vestibulum hineinführenden Reihe quergestellter Wimperplättchen (Membranellen) versehen ist. Mächtig entwickelt ist diese Einrichtung z. B. bei den während der Nahrungsaufnahme sich festsetzenden Stentoren (Abb. 18). Deren starke Verbreiterung am Vorderende ist bedingt durch die große Ausdehnung des Peristomfeldes, das umfaßt ist von einer rechts gewundenen Membranellenspirale, die sich bis zum Grunde des Vestibulums fortsetzt. Nicht minder kräftig ausgestaltet ist der Strudelapparat der zumeist festsitzenden Peritricha. Auch bei ihnen nimmt das scheibenförmige Peristomfeld die ganze Körperbreite ein. Es ist umfaßt von zwei parallelen links gewundenen Wimperstreifen, die in einer sich öffnenden Spirale zu dem seitlich gelegenen, eine S-förmig gebogene Röhre bildenden Vestibulum verlaufen und sich tief in dieses hinein fortsetzen. Die Wimpern des äußeren Streifens sind zu einer Membran verschmolzen, welche den durch heftiges Vibrieren des inneren Streifens erzeugten Nahrungsstrudel in das Vestibulum lenkt (Abb. 20).

Eine besondere Spezialisierung hat das Peristom bei den auf Amphipoden festsitzenden Chonotricha erfahren. Bei ihnen ist es als ein ektoplasmatischer, rechts gewundener

Spiraltrichter ausgebildet, der innen am Grunde mehrere parallele Wimperreihen trägt (Abb. 31).

Eine Sonderstellung unter den Ciliophoren nimmt die Ordnung der Suktorien ein. Bei ihren Vertretern sind statt einer Mundöffnung eine Anzahl schlauchförmiger Gebilde, Tentakeln, vorhanden, durch welche die Nahrung in den Körper eingesaugt wird. Diese Tentakeln, die über die ganze Oberfläche verteilt sind oder auch zu Bündeln vereinigt auf mehr oder weniger starken Vorwölbungen sitzen (Abb. 32), sind schlank, ziemlich starr, aber zu langsamen Gestaltsveränderungen (Biegungen, Verkürzungen, Streckungen) befähigt. Sie sind meist am Ende knopfförmig verdickt, manchmal auch zugespitzt. Häufig sind sie in zweierlei Gestalt, als langgestreckte Fangtentakeln und kürzere Saugtentakeln vorhanden (Abb. 38). Bei den Saugtentakeln umgibt ein ektoplasmatischer Mantel einen von Fibrillen gestützten, von Entoplasma erfüllten Kanal. Die Beute der Suktorien besteht aus anderen Wimpertierchen der verschiedensten Arten. Diese bleiben an den Fangtentakeln hängen, werden durch Giftausscheidung gelähmt und durch Verkürzung der Fäden in den Bereich der Saugtentakeln gebracht oder sie haften unmittelbar an den Saugtentakeln. Offenbar werden von den Tentakeln zuerst Fermente abgeschieden, die eine Auflösung der Pellikula an den Berührungsstellen und weiterhin eine Verflüssigung des Cytoplasmas und der Kernsubstanz des Opfers bewirken. Daraufhin setzt der Nahrungszustrom durch die Kanäle der Saugtentakeln ein, bis das Beutetier völlig ausgesaugt ist, was in wenigen Minuten vonstatten geht.

So abweichend die Sauginfusorien, die im ausgebildeten Zustande auch der Wimpern entbehren, von den übrigen Ciliaten auch erscheinen, lassen sie sich doch entwicklungsgeschichtlich von Vertretern der räuberischen Gymnostomata herleiten. Ihre Jugendformen weisen eine Bewimperung auf, die derjenigen gewisser Gymnostomen entspricht, und auch Einrichtungen, aus denen die Tentakeln der Suktorien offenbar hervorgegangen sind, finden wir bei einigen Formen der Gymnostomen, bei denen die dieser Gruppe eigentümlichen Angriffstrichocysten nicht auf den Sitz im Schlunde beschränkt sind. Bei *Actinobolina* (Abb. 23) z. B. sind zwischen den Wimpern verstreut lang ausstreckbare Fortsätze vorhanden, deren Ende mit einer kräftigen Trichocyste versehen ist. Bei Berührung dieser Enden werden Beutetiere gelähmt und dann durch Wimperbewegungen dem am Vorderende gelegenen Munde zugeführt. Ähnlich mit über den Körper verstreuten Tentakeln ausgerüstet ist *Dactylochlamys,* eine Form, die jedoch keine Mundbildung besitzt. Bei ihr ist daher anzunehmen, daß die Tentakeln nicht nur zum Festhalten, sondern auch zum Einsaugen der Beute befähigt sind.

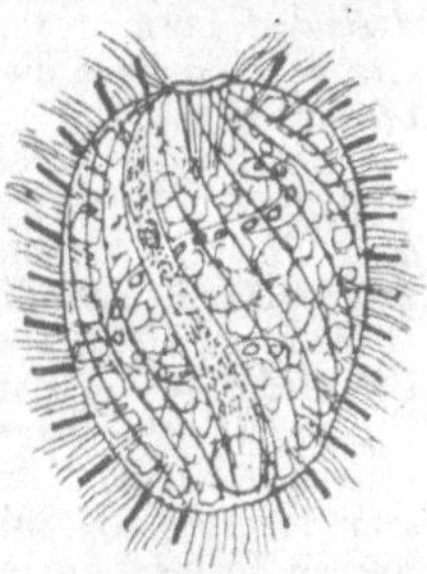

Abb. 23. *Actinobolina radians* mit Fangtentakeln, Schlund mit Trichocysten. — Nach Kahl

Die von den Protozoen einverleibten Nahrungskörper werden gewöhnlich zusammen mit einer kleinen Menge gleichzeitig aufgenommenen Wassers von einem feinen Häutchen umschlossen. Es wird eine Nahrungsvakuole gebildet, die in dem Zellkörper herumwandert und in der die Verdauung der Beute vor sich geht. Bei den Strudlern unter den Ciliophoren zeigt sich die Besonderheit, daß an der Mundöffnung durch den Vorgang der Einstrudelung von Wasser und Nahrung eine Empfangsvakuole entsteht, die sich loslöst, wenn sie eine gewisse Größe erreicht hat, den Platz für eine neue Empfangsvakuole freigibt und die Wanderung durch den Körper antritt (Abb. 16). Die Verdauung der Nahrung wird durch Fermente bewirkt, die in die Nahrungsvakuole abgeschieden werden; die verwertbaren Abbauprodukte diffundieren in das Cytoplasma. Die Einzelheiten dieser Vorgänge entziehen sich der Beobachtung. Nachweisbar ist nur, daß die frisch gebildeten Vakuolen infolge des Auftretens von Salzsäure in zunehmender Konzentration (bei *Paramecium* bis zu 1/12 n) saure Reaktion aufweisen und daß gegen Ende des Verdauungsvorganges die Reaktion des Vakuoleninhalts alkalisch wird. Schließlich enthalten die Vakuolen nur noch unverdauliche Nahrungsreste. Sie sind zu Kotvakuolen geworden, die ihren Inhalt an die Außenwelt abgeben.

Die Ausstoßung der Nahrungsreste kann bei solchen Protozoen, bei denen die Nahrungsaufnahme an beliebiger Stelle erfolgt, wie bei den Rhizopoden, ebenfalls an unbestimmter Stelle vor sich gehen. Die Kotvakuole nähert sich der Oberfläche und platzt dort, ihren Inhalt entleerend. Bei den Protozoen mit lokalisierter Mundstelle geschieht auch die Defäkation an einer bestimmten Afterstelle (Cytopyge), die jedoch als solche meist nicht besonders kenntlich und daher nur im Augenblick der Kotausstoßung wahrnehmbar ist. Sie befindet sich nicht immer in der hinteren Körpergegend, sondern kann insbesondere bei festsitzenden Formen auch vorn gelegen sein. So erfolgt bei den Craspedomonaden die Kotentleerung innerhalb des Protoplasmakragens (Abb. 22). Bei peritrichen Ciliaten öffnet sich der Zellafter in das Vestibulum, aus dem die Kotbestandteile durch Umkehr des Wimperschlages hinausbefördert werden. Bei manchen Ciliaten, vornehmlich parasitischen Formen, ist der Zellafter als eine ständig nachweisbare ektoplasmatische Bildung vorhanden, die sich in Form eines Kanals mehr oder weniger tief in das Innere erstreckt (Abb. 57).

Das bei den heterotrophen Protozoen als Reservestoff gespeicherte Kohlenhydrat ist Glykogen oder eine dem Glykogen sehr nahestehende Substanz. Es tritt besonders reichlich auf bei solchen Formen, die in einem an Sauerstoff armen Medium leben, wie die Schlammbewohner und die Darmparasiten. Bei diesen stellt es eine den Sauerstoff ersetzende Energiequelle für den Betriebsstoffwechsel dar. Das im Zellkörper gespeicherte Glykogen ist ebenso wie die Stärke durch Jodzusatz (Lugolsche Lösung) leicht nachweisbar. Während Stärke durch Blaufärbung reagiert, nimmt Glykogen eine rotbraune Färbung an.

Von Assimilationsprodukten, die als Reservestoffe nachweisbar werden, sind ferner Fette zu erwähnen, die sicher überwiegend aus aufgenommenen Kohlenhydraten, besonders Stärke, gebildet werden. Bei gewissen Protozoen des Meeresplanktons sind sie reichlich vorhanden. Einen bedeutenden Fettreichtum weisen die Radiolarien in Gestalt verhältnismäßig großer glänzender Ölkugeln auf, die offenbar eine Rolle bei den hydrostatischen Bewegungen — Aufsteigen und Absinken — dieser Organismen spielen. Auf die Oxydation zahlloser winziger Öltröpfchen wird die Leuchtfähigkeit zurückgeführt, die bei vielen marinen Dinoflagellaten vorkommt und für die das bekannteste Beispiel die große *Noctiluca miliaris* ist, die bei massenhaftem Auftreten in stark bewegtem Wasser das Meeresleuchten hervorruft.

Ein Reservestoff, der vornehmlich in gefärbten Präparaten durch seine Färbbarkeit mit basischen Farbstoffen — wie das Kernchromatin — ins Auge fällt, wird als Volutin bezeichnet. Die Volutinkörnchen, die in allen Klassen der Protozoen mit Ausnahme der Ciliaten im Cytoplasma vorkommen, geben auch eine positive Nuklealreaktion und erweisen dadurch ihre chemische Natur als Desoxyribonukleinsäure. Das Volutin ist also ein Reservestoff für die Bildung der Nukleoproteide. Es tritt daher am reichlichsten vor den Kernteilungen auf und wird während der Kernteilungen verbraucht. Wenn es bei den Ciliophoren stets vermißt wird, so beruht dies offenbar auf einem ständigen Verbrauch der DNS zum Aufbau des zwischen zwei Teilungen ununterbrochen wachsenden Großkerns.

Den Vorteil, den die autotrophen und mixotrophen Flagellaten durch die Photosynthese haben, die es ihnen ermöglicht, Wasser und Kohlensäure als Quelle für den Aufbau organischer Stoffe zu verwenden, und den andere Flagellaten durch den Chlorophyllverlust eingebüßt haben, verschaffen sich bemerkenswerterweise zahlreiche Rhizopoden und Ciliaten wieder durch das Auftreten einer Symbiose mit autotrophen Organismen. Bei einer Anzahl Süßwasserprotozoen kann das Entoplasma von einer großen Menge kugeliger grüner Algen erfüllt sein, die man als Zoochlorellen bezeichnet und die zu der Gruppe der Protococcaceen gehören. Diese intracellulare Symbiose trägt einen sehr verschieden gefestigten Charakter. Manche Protozoen, z. B. *Difflugia pyriformis, Actinosphaerium, Actinophrys, Euplotes*-Arten, werden weit häufiger ohne Zoochlorellen als mit solchen angetroffen, andere, die wir gewöhnlich mit Zoochlorellen behaftet finden, wie *Paramecium bursaria* oder *Stentor polymorphus*, kommen gelegentlich auch ohne dieselben vor. Auch gelingt es manchmal, die Chlorellen zum Verschwinden zu bringen, wenn man ihre Wirte einige Zeit im Dunkeln hält, ohne daß diese durch den Verlust der Symbionten geschädigt werden. Es ist daher fraglich, ob es überhaupt Süßwasserprotozoen gibt, die auf das Vorhandensein der Zoochlorellen notwendig angewiesen sind.

Die bei Meeresprotozoen vorhandenen Symbionten weisen gelbe oder braune Chromatophoren auf und werden als Zooxanthellen bezeichnet. Diese haben ihre größte Verbreitung bei den Radiolarien, unter denen fast nur die Tiefseeformen sie entbehren; häufig sind sie auch bei Foraminiferen, dagegen wurden nur vereinzelte Arten mariner Ciliaten als Symbiontenträger beobachtet. Bei den Radiolarien sitzen sie im extrakapsulären Cytoplasma, nur bei den Acantharien innerhalb der Zentralkapsel. Bei den Foraminiferen sind sie innerhalb der Schale gelegen und in den Kammern verteilt. Überwiegend sind die Zooxanthellen geißellose Stadien von Flagellaten, die ihre Geißeln wieder ausbilden, wenn sie in das Meerwasser gelangen. Hauptsächlich handelt es sich dabei um Dinoflagellaten, doch sind in einzelnen Fällen auch Cryptomonadinen als Symbionten von Radiolarien und Foraminiferen beschrieben worden. Eine Ausnahme bilden die Symbionten der Acantharien, die vermutlich, wie diejenigen der Süßwasserprotozoen, Algen der Protococcaceen-Gruppe sind.

Bei der Vermehrung der Protozoen werden die in ihnen enthaltenen Symbionten auf die Nachkommen verteilt, soweit nicht wie bei der Schwärmerbildung der Radiolarien oder der Gametenbildung der Foraminiferen die Winzigkeit der entstehenden Fortpflanzungskörper dieses ausschließt. Ein Neubefall kann dadurch zustandekommen, daß die Algen oder Flagellaten wie Nahrungskörper einverleibt, aber nicht verdaut werden, sondern sich im Cytoplasma vermehren. Bei Süßwasserprotozoen ist dies mehrfach experimentell festgestellt worden. Bezüglich der ernährungsphysiologischen Bedeutung der intracellularen Symbionten steht fest, daß diese ihren Wirten Sauerstoff liefern, der als Ergebnis der Photosynthese ausgeschieden wird (vgl. S. 33). Wir können vermuten, daß auch ein Überschuß an Assimilaten an den Wirt abgegeben wird, wodurch dieser zu einer gewissen Unabhängigkeit von der Aufnahme organischer Nahrung gelangen kann. Bei *Paramecium bursaria* wurde nachgewiesen, daß diese Art durch den Zoochlorellenbesitz instand gesetzt ist, in rein anorganischer Nährlösung zu leben und sich zu vermehren.

b) Atmung. Die Betriebsenergie für die Lebensvorgänge wird durch Oxydationen geliefert. Der hierfür benötigte Sauerstoff wird den Organismen durch die Atmung zugeführt. Die Protozoen bedürfen keiner besonderen Einrichtungen für die Sauerstoffaufnahme; diese erfolgt durch die ganze Körperoberfläche aus dem umgebenden Medium. Das bei der Nahrungsaufnahme in den Zellkörper gelangende Wasser spielt dabei mengenmäßig als Sauerstoffquelle keine Rolle. Wie sich aus der Mannigfaltigkeit der Aufenthaltsorte ergibt, sind die einzelnen Arten in verschieden hohem Grade von dem Sauerstoffgehalt ihrer Umgebung abhängig. Die Tiefe der Gewässer ist sauerstoffärmer als die Oberfläche, und den Bewohnern der Abwässer und des Faulschlammes stehender Gewässer wie auch den Darmparasiten der Wirbeltiere steht überhaupt kein freier Sauerstoff zur Verfügung. Wir haben also bei den Protozoen, wie auch bei anderen Tieren, Oxybionten und Anoxybionten zu unterscheiden.

Zahlreiche Protozoen können an Örtlichkeiten mit Sauerstoffmangel leben, weil ihnen der benötigte Sauerstoff durch intracellulare Symbionten geliefert wird. So finden wir unter den Schlammbewohnern auffallend viele mit Zoochlorellen (S. 43) versehen. Bei der artenreichen Fauna des H_2S-haltigen Faulschlammes, zu denen vornehmlich die Ciliaten der Unterordnung Ctenostomata gehören, sind als intracellulare Symbionten Schwefelbakterien sehr verbreitet, die ihren Wirten offenbar die benötigte Energiequelle liefern. Sicherlich sind aber intracellulare Symbionten nicht bei allen Faulschlammprotozoen vorhanden und fehlen auch den Darmparasiten. Bei mangelndem Sauerstoff muß der Zellkörper die Betriebsenergie durch „intramolekulare Atmung", d. h. durch Spaltung hochmolekularer Stoffe, gewinnen. Solche Protozoen zeichnen sich durch die Speicherung reichlicher Glykogenmengen aus (S. 42), geradeso, wie uns dies auch von parasitischen Würmern bekannt ist. Bei parasitischen Würmern erfolgt die Energiegewinnung durch Spaltung von Glykogen in Kohlensäure und Fettsäure. Die anoxydativ gewonnene Energiemenge stellt allerdings nur einen kleinen Bruchteil derjenigen dar, die bei Sauerstoffzutritt durch die Zuckerverbrennung geliefert wird. Die an sauerstoffreie oder -arme Örtlichkeiten angepaßten Protozoen vertragen übrigens ein sauerstoff reiches Medium nicht, sondern gehen darin schnell zugrunde.

c) Ausscheidungssystem. Neben- und Endprodukte, die im Stoffwechsel keine weitere Verwendung finden, können aus dem Zellkörper unmittelbar ausgeschieden werden, entweder als Exkrete von unbrauchbarer Natur oder als Sekrete, die im Leben des Organismus noch eine Rolle spielen, wie die Schleimsubstanzen, die zur Anheftung, zum Fang der Beute oder zum Bau von Hüllbildungen dienen, oder auch mineralische Stoffe, die zur Verfestigung von Hüllen beitragen. Stoffwechselendprodukte können auch im Körper als Kristalle oder Körnchen abgelagert werden, entweder in Vakuolen eingeschlossen oder unmittelbar im Cytoplasma liegend. Solche Ablagerungen können farblos sein oder auch verschiedene Farben aufweisen und dadurch den betreffenden Protozoen eine charakteristische Färbung verleihen, wie das Hämatochrom verschiedener Flagellaten (S. 34), das rote Pigment von *Stentor igneus* oder das blaugrüne von *Stentor coeruleus,* das braune, aus Hämatin bestehende Pigment der Hämosporidien (Malariaparasiten und Verwandten). Bei Protozoen mit multipler Vermehrung (vgl. S. 66) können unbrauchbare Stoffwechselreste in einem „Restkörper" angehäuft sein, der beim Zerfall in die jungen Keime zurückbleibt. Auf diese Weise werden auch die Malariaparasiten von ihrem Pigment befreit.

Sehr verbreitet finden wir bei den Protozoen als besondere Organellen der Ausscheidung die sog. pulsierenden Vakuolen. Ganz allgemein kommen sie bei den Protozoen des Süßwassers vor. Bei den Flagellaten und Rhizopoden des Meeres sind sie dagegen nur ausnahmsweise, bei den parasitischen Vertretern dieser Klassen überhaupt nicht vorhanden. Ebenso fehlen sie völlig den rein parasitischen Sporozoen. Anders verhalten sich die Ciliaten. Bei ihnen ist auch die große Mehrzahl der parasitischen Formen und sind auch die marinen häufig mit pulsierenden Vakuolen versehen. Bei diesen Organellen, die in Einzahl oder Mehrzahl vorhanden sind, handelt es sich im einfachsten Falle, wie bei einigen Amöben, um vergängliche Gebilde, Bläschen, die, sich allmählich mit Flüssigkeit anfüllend, im Cytoplasma herumgeführt werden und, wenn sie eine gewisse Größe erreicht haben, an die Oberfläche treten, sich dort entleeren und verschwinden, um an anderer Stelle wieder neu zu entstehen (Abb. 1, 2).

Bei Protozoen mit konstanter Eigengestalt sind auch die pulsierenden Vakuolen an bestimmten Körperstellen gelagert. Sie liegen oberflächlich im Ektoplasma und sind mit einer Lipoidmembran und häufig mit einem besonderen Exkretionsporus versehen. Die Membran bleibt auch im entleerten Zustande als ein zusammengefallenes Häutchen erhalten und füllt sich allmählich wieder an. Während die meisten Flagellaten einfache Pulsbläschen besitzen, ist bei den Euglenoideen eine zentrale Vakuole von mehreren Sekundärvakuolen umgeben, in denen sich die Flüssigkeit zuerst sammelt, um sich dann in die Hauptvakuole zu ergießen. Bei den Ciliaten können die Exkretionsorganellen ebenfalls als einfache, mit Porus oder Ausführkanal versehene Bläschen auftreten (Abb. 20), häufig sind sie aber zusammengesetzte Gebilde, die in verschiedener Weise mit zuführenden Kanälen versehen sind. Bei *Spirostomum* z. B. liegt am Hinterende eine sehr erweiterungsfähige Vakuole, zu der ein langer Kanal durch die ganze Länge des bandförmigen Körpers führt. Bei *Stentor* und bei *Stylonychia* (Abb. 17, 18) sind 2 zuführende Kanäle vorhanden. Die höchste Differenzierung weisen die radiär gebauten Gefäßsysteme auf, wie sie z. B. *Paramecium caudatum* in der Zweizahl besitzt (Abb. 16). Hier münden in ein zentral gelegenes Reservoir von allen Seiten Kanäle ein, die in ihrem Verlaufe eine ampullenartige Erweiterung aufweisen. Die Flüssigkeit sammelt sich zunächst in den Ampullen und fließt, wenn das Reservoir seinen Inhalt nach außen entleert hat, erneut in demselben zusammen.

Die allgemeine Verbreitung der pulsierenden Vakuolen bei den Süßwasserprotozoen, die in einem stark hypotonischen Medium leben und daher einem erheblichen osmotischen Wasserzustrom in den Körper ausgesetzt sind, läßt klar erkennen, daß es sich dabei in erster Linie um Organellen der Osmoregulation handelt, durch welche der Überschuß des zugeführten Wassers wieder ausgeschieden wird. Versuche haben gezeigt, daß die Pulsationsfrequenz der Vakuolen bei einzelnen Arten je nach dem Salzgehalt des Mediums verschieden ist. Sie beträgt z. B. bei *Paramecium caudatum* in kochsalzfreiem Süßwasser 6 Sek., bei Zusatz von 0,5 % Kochsalz 18 Sek. und ein der Körpermasse gleiches Wasservolumen wird ausgeschieden im ersteren Falle in 15 Min. und im letzteren in 43 Min. Ferner gibt es Arten, wie *Actinophrys sol,* die sowohl im Süßwasser wie im Meere vorkommen, pulsierende Vakuolen aber nur im Süßwasser aufweisen. Es ist anzunehmen, daß in dem Wasser, welches durch die Vakuolen ausgeschieden wird, andere Abfallstoffe gelöst enthalten sein können. Jedoch beweist die Organisation der meerbewohnenden und der parasitischen Flagellaten und Rhizopoden, daß bei ihnen die Ausscheidung von Exkreten nicht notwendig auf diesem Wege erfolgen muß. Anders steht es mit den Ciliaten, bei denen so vielfach die Exkretionssysteme auch in dem angenähert isotonischen Medium des Meerwassers oder der Aufenthaltsorte der Parasiten vorhanden sind, also offenbar nicht entbehrt werden können. Bei *Spirostomum* wurde in dem Blaseninhalt Harnstoff, bei anderen Ciliaten Ammoniak festgestellt. Vermutlich wird auch die bei der Atmung entstehende Kohlensäure auf diesem Wege ausgeschieden.

6. Sinneserscheinungen

a) Reize und Reizbeantwortung. Die Protozoen sind für verschiedenartige Reize mehr oder weniger stark empfänglich und reagieren auf dieselben in charakteristischer Weise. Die Reize können chemischer oder mechanischer Natur, ferner Wärme- oder Lichtreize sein, und die sinnfälligste Reizbeantwortung besteht in Bewegungen der Organismen, die man als Taxien bezeichnet. Je nach der Stärke des Reizes und der Angepaßtheit der Arten oder auch der Individuen an bestimmte Umweltbedingungen kann die Bewegung nach der Reizquelle hin oder von dieser weg gerichtet sein; wir haben somit zwischen positiver oder negativer Chemotaxis, Barotaxis, Thermotaxis, Phototaxis zu unterscheiden. Diese auf einer Unterschiedsempfindlichkeit für verschiedene Reizintensitäten beruhenden Reaktionen bewirken also ein Hinstreben der Organismen nach Örtlichkeiten, die für sie optimale Bedingungen in bezug auf den betreffenden Reiz aufweisen.

Die Reaktion auf einen bestimmten Reiz kann in geradliniger Bewegung in der Richtung zur Reizquelle oder in entgegengesetzter Richtung erfolgen. Dieser als Topotaxis bezeichnete Vorgang ist der seltener zur Beobachtung kommende. Wir finden ihn bei der Phototaxis gewisser chlorophyllführender Flagellaten, auch bei der chemotaktischen Anziehung von Gameten oder Konjuganten in Verbindung mit den Befruchtungsprozessen (S. 69). Die verbreitetste Reaktion ist die in Schreckbewegungen sich äußernde Phobotaxis, die am deutlichsten zum Ausdruck kommt, wenn ein frei schwimmendes Individuum, z. B. ein Paramecium, auf ein Hindernis stößt. Durch Umkehrung des Wimperschlages zuckt das Individuum zuerst ein Stück zurück, vollführt eine Drehung um sein Hinterende und schwimmt dann in einem Winkel zur ursprünglichen Richtung wieder vorwärts. Stößt es dabei wieder auf ein Hindernis, so wiederholt sich die gleiche Schreckreaktion, und zwar so oft, bis eine freie Bahn gefunden ist. Ganz in der gleichen Weise wie ein mechanisches Hindernis wirken auch alle anderen Reize, chemische, thermische und Lichtreize, wenn sie bei den Bewegungen der Organismen im Medium einen gewissen Intensitätsgrad erreichen. Solange sich die Reizstärke dem Optimum für die betreffende Art oder das Individuum annähert, bleibt die Bewegungsrichtung unverändert. Ist das Optimum in einem gewissen Grade überschritten oder auch unterschritten, so erfolgt die Schreckreaktion und wird so oft wiederholt, bis in der dadurch erzielten Bewegungsrichtung wieder eine Annäherung an das Optimum des Reizes erfolgt oder keine Unterschiedswahrnehmung in bezug auf die Reizstärke mehr besteht.

Zu den verschiedenen Reizen und den durch sie ausgelösten Taxien mögen noch einige Erläuterungen folgen. Der Berührungsreiz braucht nicht eine Fluchtreaktion des schwimmenden Tieres hervorzurufen, sondern er kann im Gegenteil einen Stillstand an dem Hindernis bewirken. Die entgegengesetzten Reaktionen können bei dem gleichen Individuum auftreten je nach seinem physiologischen Zustande bzw. der gleichzeitigen Einwirkung anderer Reize. Bei den Strudlern unter den Ciliophoren ist der Stillstand die Vorbereitung zur Nahrungsaufnahme, da die Wirksamkeit der Strudelapparate dadurch außerordentlich gesteigert wird. Bei Protozoen, in deren Lebenslauf Phasen der freien Beweglichkeit und des Festsitzens abwechseln (unter den Ciliaten Thigmotricha, Peritricha, Suctoria u. a.) leitet der Stillstand an einem Fremdkörper die Anheftung an demselben ein. Bei den hypotrichen Ciliaten bewirkt der Berührungsreiz den Übergang von der Schwimmbewegung zu einer schreitenden Bewegung an dem betreffenden Gegenstand mittels der auf der Bauchseite vorhandenen Cirren (Abb. 17). Zu den mechanischen Reizen gehört auch die Wirkung der Schwerkraft. Wenn die Protozoen schwerer als das umgebende Medium sind und infolgedessen darin absinken, so ist das natürlich keine aktive Reaktion. Bei zahlreichen Flagellaten und Ciliaten ist aber zu beobachten, daß sie der Schwerkraft entgegen nach oben schwimmen, also eine negative Geotaxis zeigen. Zum Beweise, daß das Aufsteigen zur Oberfläche des Gewässers nicht durch Sauerstoffbedürfnis hervorgerufen, also eine chemotaktische Reaktion ist, müssen sich die zur Beobachtung kommenden Organismen in einem oben geschlossenen, vollständig mit Wasser gefüllten Röhrchen befinden. Bei *Paramecium* und auch bei *Spirostomum* ist festgestellt, daß das Auftreten der negativen Geotaxis von dem Vorhandensein eines Begleitreizes, nämlich einer gewissen Kohlensäurespannung, abhängig ist. Je stärker die CO_2-Konzentration, um so ausgesprochener ist die Bewegungsrichtung nach oben.

Die große Bedeutung, welche den chemotaktischen Reaktionen auf stoffliche Verschiedenheiten des Mediums für die Biologie der Protozoen zukommt, ist in vielen Fällen offenkundig, da sie die Organismen ihren Nahrungsquellen zuführen. So zeigen die Flagellaten *Polytoma* und *Astasia* stark positive Chemotaxis gegenüber den Fettsäuren, *Euglena*-Arten gegenüber Aminosäuren (S. 33). Kohlensäure wirkt bis zu einer gewissen Konzentration anziehend auf Paramecien, wodurch diese in Orte stärkerer Anhäufung der ihnen als Nahrung dienenden Bakterien gelangen. Das Sauerstoffbedürfnis ist bei den Protozoenarten, wie bereits bei der Betrachtung der Atmung ausgeführt, sehr verschieden stark, und da der Sauerstoffgehalt der Gewässer nach der Oberfläche hin ansteigt, so finden wir die einzelnen Arten, die in ihren Bewegungen immer dem für sie optimalen Zustande zustreben, in sehr verschiedener Tiefe von der Oberfläche bis zum Grunde hin verteilt.

Die Temperatur des Mediums übt einen bestimmenden Einfluß nicht nur auf die Bewegung, sondern auf alle Lebensvorgänge aus. Diese erfahren bei zunehmender Temperatur bis zu einem Optimum eine Beschleunigung und bei abnehmender eine Verlangsamung. Das Optimum ist für die einzelnen Arten verschieden; bei freilebenden liegt es etwa zwischen 24 und 28 °, bei den Parasiten der Warmblüter entspricht es der Körpertemperatur ihrer Wirte. Es liegt der oberen Grenze der erträglichen Temperatur gewöhnlich stark genähert. Wird es überschritten, so erfolgt sehr bald Wärmestarre und Wärmetod. Die untere Temperaturgrenze liegt dagegen vom Optimum weit entfernt, bei den einen Protozoen noch über 0 °, bei anderen erheblich unter dem Gefrierpunkt. Die thermotaktische Reaktion bewirkt es, daß sich im ungleichmäßig erwärmten Medium die Organismen an den Stellen ansammeln, deren Temperatur dem für sie gültigen Optimum am nächsten kommt.

Empfänglichkeit für den Lichtreiz ist nicht bei allen Protozoen vorhanden. Phototaktische Reaktionen finden wir durchweg bei den chlorophyllführenden Flagellaten, für deren Stoffwechsel die Photosynthese (S. 33) unentbehrlich oder doch förderlich ist. Diese Flagellaten sind positiv phototaktisch bis zu einer gewissen Lichtstärke, nach deren Überschreiten der Umschlag in die negative Reaktion erfolgt. Der Umschlagspunkt liegt bei den Arten sehr verschieden, ist aber auch bei Artgenossen wechselnd, je nach den sonstigen Einflüssen, denen das Individuum gleichzeitig ausgesetzt ist oder zuvor ausgesetzt war. Auch einige mit den chlorophyllführenden Flagellaten verwandte farblose Formen, wie die Cryptomonadine *Chilomonas,* zeigen phototaktische Reaktion. Im allgemeinen aber reagieren die farblosen Protozoen dem Lichte gegenüber entweder gar nicht oder nur auf plötzliche starke Reize, und dann gewöhnlich negativ. Eine Ausnahme machen die mit Chlorellen (S. 43) versehenen Formen, bei denen bemerkenswerterweise positive Phototaxis beobachtet wird, die nicht ihnen unmittelbar, sondern ihren Symbionten zugute kommt. Auch pigmentführende Ciliophoren können lichtempfindlich sein. So zeigt der mit blauen Pigmentkörnchen versehene *Stentor coeruleus* negative Phototaxis. Bei den normalerweise unempfindlichen

Paramecien läßt sich durch fluoreszierende Farbstoffe (z. B. Eosin), die in starker Verdünnung vom Körper aufgenommen werden, Phototaxis hervorrufen, die bei stärkerem Reiz negativ, bei ganz schwachem Reiz positiv ist. Auch bei *Spirostomum* konnte auf diese Weise negative Phototaxis induziert werden.

b) Sinnesorganellen. Da die Reizbarkeit eine Allgemeinerscheinung des Cytoplasmas ist, so können mechanische und chemische Reize von den Protozoen an beliebigen Körperstellen wahrgenommen werden. Doch können bezüglich der Stärke der Reizempfindlichkeit lokale Unterschiede bestehen. So ist es bei Paramecien vornehmlich der vordere Körperteil, der auf chemische Reize reagiert. Eine Lokalisation der Empfindlichkeit in bezug auf den Wärmereiz ist bei verschiedenen Ciliaten beobachtet worden. Bei *Stentor* und *Spirostomum* ist der Wärmesinn auf das Vorderende beschränkt. Auch bei *Paramecium* besteht ein Empfindlichkeitsgefälle von vorn nach hinten. Die Lichtempfindlichkeit ist bei den allermeisten chlorophyllführenden Flagellaten und auch bei manchen ungefärbten Verwandten derselben lokalisiert an einer im vorderen Körperteil gelegenen Stelle, wo sich ein besonderes Organell, ein Augenfleck oder Stigma befindet.

Das Stigma fällt besonders ins Auge durch eine Anhäufung gelbroter, roter, manchmal auch brauner oder schwärzlicher Pigmentkörner, die aus Karotin bestehen oder doch dieses enthalten. Dieses kappen- oder bandförmige Pigmentgebilde (Abb. 10, 14, 46) stellt für eine lichtempfindliche Cytoplasmamasse (Photoceptor) einen Lichtschirm dar, der bewirkt, daß diese Stelle nur von Lichtstrahlen aus bestimmter Richtung getroffen werden kann. Dem Photoceptor kann eine linsenartige Differenzierung hyalinen Cytoplasmas vorgelagert sein, die sich zwar meist der Wahrnehmung entzieht, deren Vorhandensein aber aus Beobachtungsergebnissen über die Funktion des Organells zu folgern ist. Bei einigen Dinoflagellaten *(Pouchetia)* ist aber auch eine Linse als ein stark lichtbrechendes, manchmal kugeliges Gebilde nachweisbar, so daß das Stigma geradezu an die einfachsten Augenbildungen, die Ocellen, der Metazoen erinnert. Der unmittelbare Einfluß, den ein das Stigma aus einer bestimmten Richtung treffender Lichtreiz auf die Bewegungsweise der Flagellaten ausübt, ist am verständlichsten bei den Eugleniden, wo das Organell mit dem basalen Abschnitt der Geißel in Berührung steht (Abb. 45). Bei ihnen liegt der Pigmentschirm der Wandung des Kanales an, auf dessen säckchenförmig erweitertem Grunde die Geißel entspringt, und der Photoceptor liegt, die Geißel umfassend, innerhalb des Kanals. Bei weniger engen Lagebeziehungen (vgl. Abb. 10) ist eine Leitung des Reizes zur Geißelbasis anzunehmen.

An Sinnesorganellen werden bei Protozoen ferner solche für die Wahrnehmung von Berührungsreizen beobachtet. Den Bewegungsorganellen (Pseudopodien, Geißeln, Wimpern) kommt ganz allgemein eine erhöhte Reizempfindlichkeit zu, und so erweisen sich auch besondere Tastorganellen, wo wir sie antreffen, als Spezialisierungen von Geißeln oder Wimpern. Bei manchen sich amöboid bewegenden Flagellaten (z. B. *Mastigamoeba)* kommt die kurze, nur langsam pendelnde Geißel für die Fortbewegung nicht in Betracht; ihre Aufgabe liegt offenbar in der Tastfunktion. Die Schleppgeißel mancher Arten wird stets starr von dem bewegten Organismus nachgezogen (S. 26); sie kann durch die Empfindlichkeit gegen Druckunterschiede bei Körperwendungen eine Steuerwirkung ausüben. Bei den Ciliaten ist die Umgestaltung von Wimpern an bestimmten Körperstellen zu starren Tastborsten eine sehr verbreitete Erscheinung, worauf bereits bei der Besprechung dieser Bewegungsorganellen hingewiesen wurde (S. 27). Die Natur der bei den Hypotricha die Rückenseite besetzenden Borsten wird dadurch offenbar, daß eine Berührung derselben eine plötzliche Fluchtreaktion auslöst.

Die Reaktion der Protozoen, die eine negative Geotaxis zeigen, setzt eine Empfindung für den Reiz der Schwerkraft voraus. Versuche an Paramecien haben den Beweis erbracht, daß deren Wahrnehmung durch die Richtung des Druckes vermittelt wird, welchen in Vakuolen befindliche schwere Einschlußkörper auf die Vakuolenwandung und damit auf das Cytoplasma ausüben. Die negative Geotaxis besteht dann in einer Bewegung entgegengesetzt zur Richtung dieses Druckes. Der Beweis wurde geliefert durch die Beobachtung von Paramecien, die mit feinen Eisenteilchen gefüttert worden waren und sich in dem Kraftfeld eines Elektromagneten befanden. Die Bewegung der Paramecien erfolgte stets entgegengesetzt zu der Richtung der Anziehung der Eisenteilchen. Solche von schweren Körperchen erfüllten Vakuolen, welche an die bei Metazoen, z. B. am Glockenrande von Medusen, vorkommenden Statocysten erinnern, sind bei Paramecien die Exkretkristalle führenden Bläschen. Diese sind hier, wie gewöhnlich bei den Ciliophoren, in ganz unregelmäßiger Menge und Anordnung vorhanden. Doch finden wir auch Ausnahmen, wo die besondere Lage und Gestaltung solcher Bläschen deutlich eine ihnen zukommende Statocystenrolle anzeigt. Bei der Gattung *Loxodes* (Abb. 24) sind die Bläschen in bestimmter, nach den Arten wechselnder Anzahl ganz regelmäßig längs der Dorsalkante des Körpers angeordnet. Bei einigen Parasiten, z. B. sehr verbreitet in der Familie Bütschliidae, ist an einer bestimmten Stelle des Vorderendes eine einzige Statocyste vorhanden, bei der ein Haufen zusammengeklumpter Körnchen in einer kompliziert gestalteten, mit Fibrillen versehenen Hülle eingeschlossen ist.

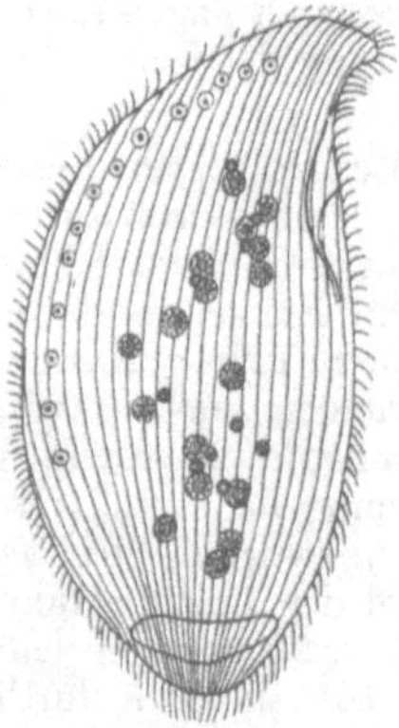

Abb. 24. *Loxodes magnus*. Zahlreiche Groß- und Kleinkerne; dorsale Reihe von Exkretvakuolen

c) Reizleitung. Im allgemeinen wird ein Reiz nicht die ganze Oberfläche des Tieres in gleicher Stärke treffen, sondern er wird an einer bestimmten Stelle vorwiegend oder auch ausschließlich zur Wahrnehmung kommen. Die Reizbeantwortung erfolgt aber wohl nur in Ausnahmefällen unmittelbar durch die betreffende Körperstelle. Vielmehr bewirkt die lokale Reizung gewöhnlich eine physiologische Zustandsänderung des ganzen Zellkörpers, und der Organismus reagiert als Ganzes auf den betreffenden Reiz. Das ist besonders augenfällig bei den mit einem Wimperkleid versehenen Ciliophoren. Bei ihnen löst der Reiz eine Bewegungsreaktion aus, die durch ein geordnetes Zusammenwirken der Schlagrichtungen sämtlicher Wimpern und nicht nur durch eine Beeinflussung der unmittelbar durch den Reiz betroffenen Wimpern zustande kommt. Solche Reaktionsweise setzt voraus, daß ein Reiz von dem Orte der Aufnahme aus auf das Körperganze übertragen wird, daß also eine Reizleitung im Cytoplasma vorhanden ist.

Da wir die Fähigkeit der Reizleitung als eine der Grundeigenschaften der lebenden Substanz zu betrachten haben, so erscheint das Vorhandensein besonderer reizleitender Strukturen im Protozoenkörper, die also dem Nervensystem der vielzelligen Tiere analog wären, nicht durchweg erforderlich. Doch sind Fibrillen, die bei Flagellaten und Ciliophoren den Körper durchziehen und denen wir eine Stützfunktion zusprechen (S. 13), vielfach als ein „neuromotorischer Apparat" aufgefaßt worden, wobei auch noch fädige Gebilde mit herangezogen worden sind, bei denen es sich nachgewiesenermaßen um Kunstprodukte bei der Konservierung der betreffenden Protozoen gehandelt hat. Alle solche Fibrillen sollten sich in einem Knotenpunkt, dem „neuromotorischen Zentrum" vereinigen, das sich ebenfalls als ein Kunstprodukt erwiesen hat. Ein dem Nervensystem nebst Gehirn der Metazoen entsprechendes System von Leitungsbahnen ist offenbar im Protozoenkörper nicht vorhanden.

Bei den Ciliophoren sprechen für das Bestehen bestimmt gerichteter Leitungsbahnen allerdings viele Erscheinungen, z. B. die vollendete Koordination des Wimperschlages, die wir bei der Besprechung der Bewegungsweise kennengelernt haben und die bei jeder Bewegungsänderung in anderer Kombination erscheint (S. 27). In diesem Falle erfolgt die Reizleitung in der oberflächlichen Körperschicht, im Kortikalplasma. Wenn man etwa bei einem Paramecium die Oberflächenschicht durchtrennt, so wird die Koordination gestört und die Wimpern schlagen hinter der verletzten Stelle in anderem Rhythmus als vor derselben. In dem Kortikalplasma liegt das als Silberliniensystem bezeichnete

Fibrillennetz (S. 13), bei dem es ungewiß ist, ob es lediglich eine Stützfunktion hat oder, wie vielfach angenommen wird, auch dem Empfang und der Leitung der Reize dient. Wenn die Wimpern, wie es oft der Fall ist, in Reihen angeordnet in den Knotenpunkten dieses Netzwerkes stehen (Abb. 4), erscheint die koordinierte Bewegung aus der Gestalt desselben verständlich. Doch ist das Silberliniensystem nicht minder gut entwickelt bei Formen mit stark reduzierter Bewimperung und vermittelt bei solchen vielfach keine direkten Verbindungen zwischen den aufeinanderfolgenden Wimpern (Abb. 6). Der Annahme einer reizleitenden Natur der Silberlinien ist es auch nicht günstig, daß solche Systeme in ganz ähnlicher Form auch bei Flagellaten auftreten, deren Bewegungsorganellen alle an einer Stelle entspringen, und daß sie auch bei Rhizopoden und Sporozoen vorkommen. Das Problem der gerichteten Reizleitung innerhalb des Zellkörpers ist jedenfalls noch nicht gelöst.

7. Fortpflanzung

Die Natur der Protozoen als einzellige Lebewesen kommt auch in ihrer Fortpflanzungsweise zum Ausdruck, insofern als diese am häufigsten in dem gleichen Vorgang besteht, der bei den Metazoenzellen die Regel bildet, nämlich in der Teilung in zwei gleiche Abkömmlinge. Die Zweiteilung erfolgt, nachdem der Organismus wenigstens auf etwa das Doppelte seiner Ausgangsgröße herangewachsen ist, und es geht dabei der Durchschnürung des Zelleibes eine Teilung des Kernes voraus. Außer der Zweiteilung kommt eine multiple Teilung vor, bei der durch wiederholte Kernteilungen zahlreiche Kerne gebildet werden und dann der Zellkörper in eine entsprechende Anzahl von Teilstücken zerfällt. Ein Sonderfall der Vermehrungsweise ist die Knospung, bei der die entstehenden Teilstücke nicht gleichartig erscheinen. Es schnürt sich hierbei von einem morphologisch unverändert bleibenden Mutterindividuum ein zunächst abweichend gestaltetes Tochterindividuum ab, eine Larvenform, die erst später das typische Aussehen der Art gewinnt. Auch kann die gleichzeitige Abschnürung mehrerer solcher Larvenformen erfolgen (multiple Knospung).

a) Die Kernteilung, welche die Voraussetzung eines jeden Teilungsvorganges ist und welche der Zweiteilung gewöhnlich unmittelbar voraufgeht, verläuft bei den Protozoen, von gewissen Ausnahmen abgesehen, nach dem gleichen Schema der Mitose, das wir bei den Metazoenzellen finden und das die erbgleiche Verteilung der Gene (S. 9) gewährleistet. Die Mitose ist ein Vorgang, der herbeigeführt wird durch ein stets neben dem Kern vorhandenes, wenn auch nicht immer morphologisch erkennbares Teilungsorganell, das Centrosom. Während die Kernmembran aufgelöst wird und die Chromosomen, welche die Gene enthalten, als gesonderte Einheiten hervortreten, teilt sich das Centrosom und zwischen den beiden Tochtercentrosomen bildet sich eine aus cytoplasmatischen Fasern zusammengesetzte Spindelfigur aus. Dann heften sich die Chromosomen am Äquator der Spindel an den Fasern fest, teilen sich durch Längsspaltung, und die Tochterchromosomen werden unter Verlängerung der Spindel getrennt und nach den beiden Spindelpolen hingezogen. So erhalten die beiden Tochterkerne, deren Ausbildung sich durch Neuformung der Kernmembran vollendet, wieder den vollzähligen Chromosomensatz (Genom, S. 10).

Das Schema der Mitose weist bei den Protozoen mannigfache Abweichungen auf, und die auftretenden Bilder sind vielfach kennzeichnend für verschiedene systematische Gruppen. In den meisten Fällen bleibt die Kernmembran während des Teilungsvorganges erhalten und die Faserspindel kann dann völlig innerhalb des Kerns zwischen den an gegenüberliegenden Polen der Membran außen ansitzenden Centrosomen liegen. Erst wenn der Kern durch die auseinanderwandernden Centrosomen stark in die Länge gezogen ist, reißt die Membran an der Verbindungsstelle der beiden Hälften durch (Abb. 25 d). Die Centren selbst können auch einen intranuclearen Sitz haben, wie dies durchweg bei den Kleinkernen der Ciliaten beobachtet wird. Für eine umfangreiche Ordnung parasitischer Flagellaten, die Polymastigina, ist die Besonderheit kennzeichnend, daß die Teilung der Chromosomen und das Auseinanderrücken ihrer Hälften innerhalb des Kernes zunächst ohne Beteiligung des Centrosoms vor sich geht (Abb. 48). Die stabförmige Teilungsfigur des Centrosoms, die Centrodesmose, liegt seitlich des Kernes, und erst wenn sich die Tochterchromosomen getrennt haben, treten von den Polen der Centrodesmose Spindelfasern an die Kernmembran heran und verbinden sich mit den dort angehefteten Chro-

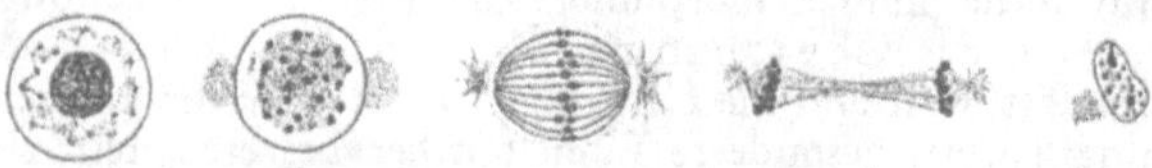

a b c d e

Abb. 25. Kernteilung von *Hartmannella klitzkei*. — Nach Arndt.
a Teilung des Centrosoms, b Chromosomenbildung (Prophase), c Äquatorialplatte (Metaphase), d Kerndurchschnürung (Anaphase), e einer der Tochterkerne (Telophase)

mosomen, worauf dann durch die Verlängerung der Centrodesmose die Trennung der Kernhälften herbeigeführt wird.

Die Mitose ist ein Mechanismus, der die gleichmäßige Verteilung der generativen Kernkomponente bewirkt (S. 12). Der somatische Kernanteil bleibt dabei entweder zurück oder er wird ebenfalls nebenher auf die Tochterkerne verteilt. Zu diesem Anteil gehören auch die in Einzahl oder in Mehrzahl vorhandenen Binnenkörper. Sie werden entweder aufgelöst und in den Tochterkernen neu gebildet (Abb. 25), oder sie teilen sich, indem sie sich hantelförmig durchschnüren. Eine zentral gelegene Binnenkörperhantel stellt eine auffällige Komplikation der Teilungsfigur zahlreicher Protozoen dar (Abb. 29 a, b). Bei einigen Protozoen ist das Verhalten des Binnenkörpers so eigenartig und ergibt ein so charakteristisches Teilungsbild, daß daraus die nahe Verwandtschaft verschiedener Formen hervorgeht, die man früher teils zu den Flagellaten, teils zu den Amöben gerechnet hatte und die man nun in der Familie Tetramitidae vereinigt (Abb. 26). Während sich der Binnenkörper hantelförmig durchschnürt, ordnen sich die

Chromosomen in der Äquatorialplatte an (a, b). Wenn dann die geteilten Chromosomen auseinander rücken, wandern kleine Bestandteile der sich auflockernden Binnenkörpermasse in zunehmender Menge wieder in den äquatorialen Raum zurück, so daß schließlich nur kleine Kappen von Binnenkörpersubstanz an den Spindelpolen verbleiben (c, d). Bei der nachfolgenden Kerndurchschnürung (e) wird

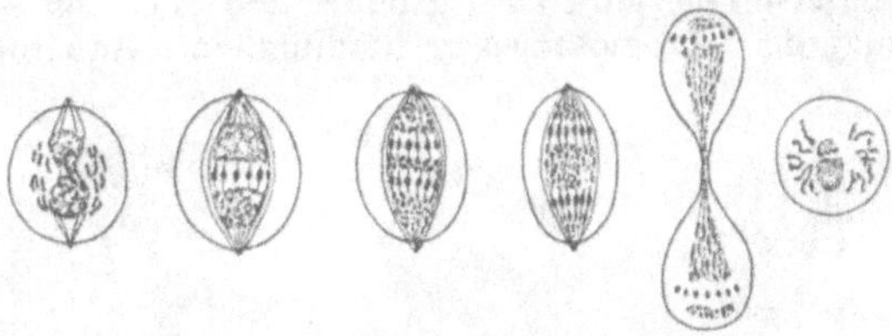

Abb. 26. Kernteilung der *Tetramitidae*

die äquatoriale Binnenkörpermasse erneut geteilt. So sind in den Tochterkernen zunächst zwei Binnenkörperteile vorhanden (f), die schließlich verschmelzen.

In vielen Fällen, z. B. bei zahlreichen Amöbenarten, nimmt der somatische Kernanteil, sei es in Gestalt zahlreicher Binnenkörper, sei es in verstreuter Form, eine so breite periphere Kernzone ein, daß bei seiner Verteilung auf die Tochterkerne die zentral gelegene mitotische Teilungsfigur mehr oder weniger verdeckt wird, und oft gelingt es nur durch besondere Färbemethoden, wie die Nuklealreaktion (S. 9), dieselbe kenntlich zu machen. Solche früher als direkte Kerndurchschnürung (Amitose) aufgefaßten Teilungsbilder bezeichnen wir heute als K r y p t o m i t o s e. Bei Protozoen, die in einkernigem Zustande zu bedeutender Größe heranwachsen, wie die Gregarinen und auch die Foraminiferen in einer bestimmten Entwicklungsphase, erreicht auch der Kern eine erhebliche Größe, die hauptsächlich durch den somatischen Anteil bedingt ist. Wenn dann die Kernvermehrung einsetzt, tritt auch die generative Komponente in Erscheinung, indem sie an der Peripherie des Riesenkerns eine kleine Spindel bildet oder auch aus demselben vor dem Einsetzen der mitotischen Teilung heraustritt. Der große somatische Kern verfällt dann der Auflösung.

Bei den Euglenoidinen und den Dinoflagellaten vermissen wir wesentliche Merkmale der typischen Mitose. Eine Faserspindel wird nicht gebildet und es erfolgt keine Spaltung der Chromosomen im Stadium einer Äquatorial-

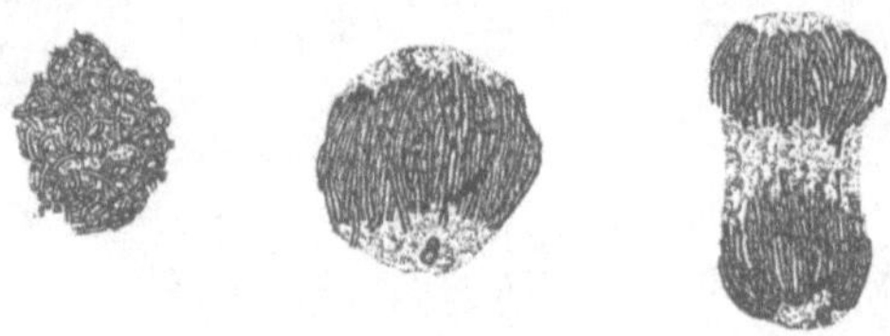

a b c

Abb. 27. Kernteilung von *Ceratium*. — Nach Borgert

platte. Die Kerne dieser Flagellaten sind polyploid, setzen sich also aus zahlreichen Genomen zusammen (S. 11), wie aus der großen Anzahl der Chromosomen hervorgeht. In diesen Kernen sind die Chromosomen bereits in der Ruhephase als fädige Gebilde nachweisbar und können schon als Doppelfäden erscheinen (Abb. 27 a). Bei der Kernteilung verteilen sich die einzelnen Chromosomenpaare ungetrennt auf die beiden Pole (b, c). Die Chromosomenteilung geschieht also in diesen Fällen endomitotisch während der Ruhephase des Kerns. Ganz ähnlich ist bei der Zweiteilung gewisser Radiolarien der Ablauf der Kernteilung, der bei der Art *Aulacantha scolymantha* sehr eingehend untersucht worden ist. Bei dieser Kernteilung treten über 1000 chromatische Elemente auf, die durch wiederholte Endomitosen während des Heranwachsens des Radiolars entstanden sind. Jeder dieser Chromatinfäden erfährt während der Kernteilung eine Längsspaltung, dann aber wandern beide Spalthälften dem gleichen Pole zu. Wie Grell neuerdings nachgewiesen hat, sind diese fädigen Gebilde keine Einzelchromosomen, sondern Ketten aneinander gereihter Chromosomen, offenbar also vollständige Genome, und das eine Mitose vortäuschende Teilungsbild stellt eine Verteilung der in dem polyploiden Kern vorhandenen Genome auf zwei Tochterkerne, eine Genomsegregation dar. Möglicherweise liegt bei den Kernteilungen der Euglenoidinen und Dinoflagellaten die gleiche Erscheinung vor. Auch die Teilung der Großkerne der Ciliaten, die gewöhnlich als Amitose bezeichnet wird, ist eine Genomsegregation. Die Einzelheiten dieses Vorganges entziehen sich zwar gewöhnlich der Beobachtung. Man sieht nur, daß der Kern sich in die Länge streckt und dann in der Mitte durchreißt. Bei manchen Großkernen sind mit der Teilung Umorganisationen der chromatischen Substanz verknüpft, deren Bedeutung noch unklar ist, wie das Auftreten eines Kernspaltes bei den Hypotricha. Zuweilen zeigt sich eine reihenförmige Anordnung der Chromatinkörner in der Richtung der Teilungsachse, und diese Reihen stellen offenbar die einzelnen Genome dar. Es ist anzunehmen, daß während des Wachstums der Ciliophoren zwischen zwei Teilungen eine erneute Verdoppelung der Anzahl der Genome durch Endomitose erfolgt. Ohne weiteres ist verständlich, daß die Genomsegregation auch als ungleichhälftige Kernteilung vor sich gehen kann, als Kernknospung, wie wir sie bei gewissen Ciliaten finden (Abb. 32), ebenso auch als multiple Kernteilung durch Zerfall des polyploiden Kerns in die einzelnen Genome, ein Vorgang, der bei *Aulacantha* neben der Zweiteilung vorkommt.

b) Bei der Zweiteilung des Protozoenkörpers erfolgt die Durchschnürung regelmäßig senkrecht zur Kernteilungsachse. Bei Protozoen von unbeständiger Körperform, wie den nackten Amöben, spielt sich der Vorgang in der Weise ab, daß in den Richtungen, in denen die Tochterkerne auseinandergetreten sind, Pseudopodien gebildet werden, wodurch die beiden Hälften des Zellkörpers auseinander fließen, bis ihre immer schmaler werdende Verbindung durchreißt. Bei den beschalten Amöben, den Testaceen, wird die Teilungsrichtung durch die Schalenmündung bestimmt. Aus dieser fließt nach erfolgter Kernteilung die Hälfte des Zelleibes mit dem einen der Tochterkerne (bei mehrkernigen Formen, wie den Arcellen, mit der entsprechenden halben Zahl der Tochterkerne) hervor und bildet ein neues Gehäuse, während die andere Hälfte in dem alten Gehäuse verbleibt. Bei der Zweiteilung der radiär gebauten Heliozoen ist ebenso wie bei den nackten Amöben keine bestimmte Teilungsrichtung erkennbar. Durch Zweiteilung vermehrt sich auch das vielkernige *Actinosphaerium;* doch geht hier der Durchschnürung des Körpers nicht unmittelbar eine Teilung der Kerne voraus, eine solche erfolgt vielmehr während des Wachstums.

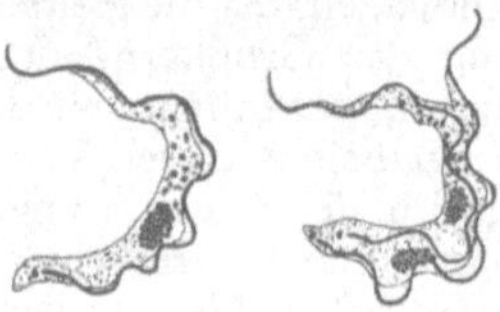

Abb. 28. *Trypanosoma gambiense,* rechts in Teilung

Bei den Protozoen, die eine polar differenzierte Gestalt aufweisen, geht die Körperteilung in einer bestimmten Richtung zur Körperachse vor sich. Die typische Teilungsform der Flagellaten ist die Längsteilung. Dabei beginnt die Durchschnürung in der Regel am vorderen Körperpol und setzt sich nach hinten fort (Abb. 28, 29). Es kommt vor, daß bei der Teilung alle Geißeln verlorengehen und von beiden Tochtertieren neu gebildet werden. Gewöhnlich aber verteilen sich die Geißeln auf die Tochtertiere und die fehlenden entstehen neu. Ist nur eine Geißel vorhanden (Abb. 28), dann fällt diese dem einen Tochtertier zu und das andere bildet eine neue. Die Geißelbildung geht von den Basalkörnern aus (S. 25), die selbst nicht neu entstehen können, sondern stets aus den vorhandenen durch Teilung hervorgehen (Abb. 29b, c). Wie die Basalkörner sind die Plastiden der pflanzlichen Flagellaten (Chromatophoren und Leukoplasten, S. 33, 35) autonome Organellen, die der Zellkörper nicht neu hervorbringen kann. Sie teilen sich daher ebenfalls. Die Stigmen (S. 52) können dagegen aus Chromatophoren hervorgehen. Bei den Eugleniden werden sie jedoch gleichfalls geteilt.

Wie für die Flagellaten die Längsteilung, so ist für die Ciliaten im allgemeinen die Querteilung kennzeichnend. Ausnahmen von der Regel, wie die Längsteilung der Peritricha und die in verschiedenen Gruppen vorkommende Knospung, sind offenkundige Anpassungen an eine festsitzende Lebensweise der betreffenden Organismen. Stets wird der Fortpflanzungsvorgang der Ciliaten durch die Mitose des Kleinkerns eingeleitet. Die Teilung des Großkerns setzt erst später ein und ist offenbar kein aktiver Vorgang, sondern wird durch die Streckung und beginnende Einschnürung des Zellkörpers herbeigeführt. Die Querteilung dieser hochorganisierten Protozoen mit verschiedenartigen Differenzierungen in den einzelnen Körperteilen ist mit mannigfachen Neubildungen und Umwandlungen verknüpft. Von den beiden in Entstehung begriffenen Tochtertieren muß das eine ein neues Vorderende, das andere ein neues Hinterende bilden und die einem jeden verbleibenden Organellen müssen den veränderten Lagebeziehungen und Größenverhältnissen angepaßt werden. Neubildungen von Organellen, wie Cytostom und Peristom oder pulsierende Vakuolen, gehen in ihrer Anlage aus Abspaltungen der vorhandenen Organellen hervor. Neue Wimpern werden ebenso wie die Geißeln von Basalkörnern gebildet, die durch Teilungen der vorhandenen entstehen. Die Neubildung betrifft vornehmlich die spezialisierteren Wimpergebilde. So werden bei den Hypotrichen alle Cirren und Tastborsten resorbiert und werden in beiden Tochtertieren neu angelegt an den entsprechenden Stellen, wohin

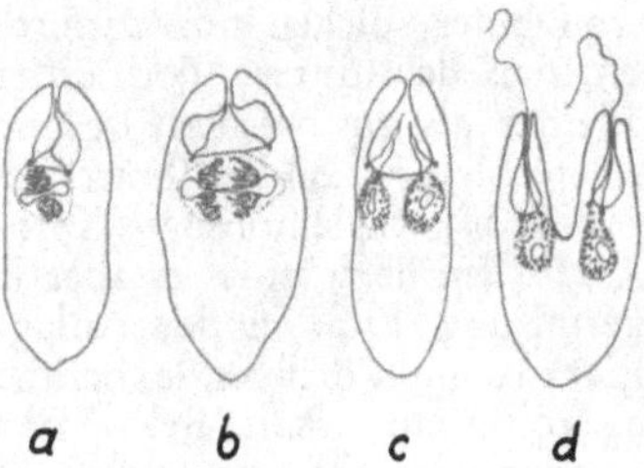

Abb. 29. *Euglena gracilis*, Teilung. — Nach Krichenbauer

die Gruppen vermehrter Basalkörner gewandert sind. Alle Reorganisationsvorgänge sind abgeschlossen, wenn die Durchschnürung des Zellkörpers zu Ende geht.

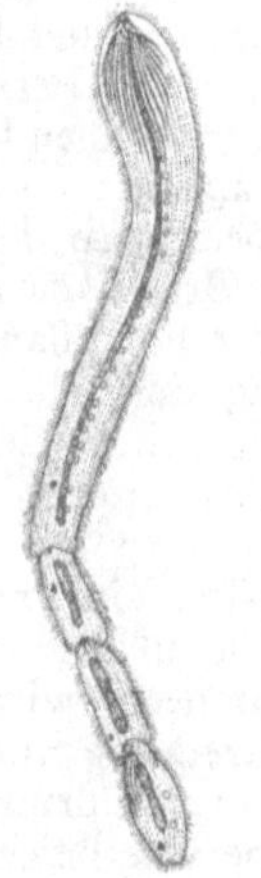

Abb. 30. *Radiophrya hoplites.* Mit Haftapparat, bandförmigem Großkern, Kleinkern und zahlreichen pulsierenden Vakuolen; Vermehrung durch Knospung

c) Die Knospung ist eine abweichende Form der Zweiteilung, die uns wie gesagt in verschiedenen Gruppen der Ciliaten begegnet. Bei der parasitischen Unterordnung Astomata, bei der weniger verbreitet auch gewöhnliche Querteilung auftritt, ist die Knospung von einer solchen nur dadurch unterschieden, daß das hintere Tochtertier wesentlich kleiner als das vordere ist und auch nur einen kleinen Endabschnitt des bandförmigen Großkerns empfängt (Kernknospung S. 61). Im übrigen ist es aber in seiner Ausgestaltung, z. B. in der Anlage des Haftapparates am Vorderende, bei der Abschnürung völlig entwickelt. Bei den an der Darmwandung ihrer Wirte festsitzenden Formen ist die völlige Abschnürung der Knospe vielfach verzögert und geschieht erst, nachdem bereits mehrere weitere Knospen angelegt sind, so daß es bei solchen Arten zur Kettenbildung kommt (Abb. 30).

In der kleinen Ordnung der an Krebsen sitzenden Chonotricha und in der umfangreichen Ordnung der gewöhnlich ebenfalls festsitzenden Suctoria, bei denen die Knospung der allgemeine Vermehrungsvorgang ist, zeichnet sich die Knospe durch wesentlich abweichendes Aussehen vom Muttertiere aus. Bei den Chonotricha fehlt der Knospe, die seitlich aus dem Körper hervorsproßt, zunächst der Mundtrichter des ausgebildeten Tieres (Abb. 31). Am Vorderende besitzt sie eine seitlich offene, mit zahlreichen Wimpern besetzte Aushöhlung. Sie schwimmt eine Zeit lang umher, um einen neuen Wohnsitz aufzusuchen. Erst nach dem Festsetzen unter Ausbildung einer Haftscheibe schließt sich der seitliche Spalt und tritt der Mundtrichter auf.

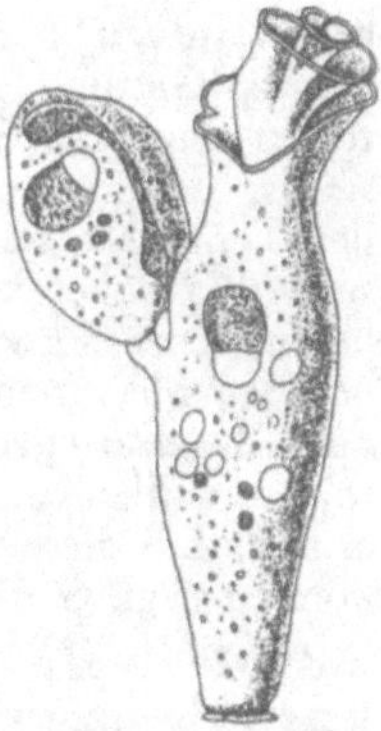

Abb. 31.
Spirochona, Knospung. — Nach R. Hertwig

Bei den Suktorien, die in ausgebildeter Gestalt durch das Fehlen jeglicher Bewimperung und durch den Besitz von Saugtentakeln ausgezeichnet sind, tritt die Knospe als ein mit mehreren Wimpergürteln versehener tentakelloser Schwärmer auf, der sich nach längerem Umherschwimmen festsetzt, Tentakeln und je nach der Art auch einen Stiel und ein Gehäuse bildet und so das Aussehen des Muttertieres gewinnt (Abb. 40). Die Bildung der Knospe kann äußerlich oder im Innern des Körpers vor sich gehen. Bei der äußerlichen Knospung schnürt sie sich am Vorderende des Muttertieres ab. Häufiger jedoch entsteht sie in einer Bruthöhle, die sich nach außen öffnet und dadurch das Ausschlüpfen des Schwärmers gestattet (Abb. 32). Sowohl bei äußerer wie bei innerer Knospung können gleichzeitig mehrere Schwärmer entstehen (multiple Knospung). Während der in die Knospe eintretende Kleinkern durch Mitose des mütterlichen Kleinkerns entstanden ist, geht der ihr zukommende Großkern aus demjenigen des Muttertieres durch Abschnürung hervor. Dasselbe ist bezüglich beider Kernformen der Fall, wenn mehrere Knospen gebildet werden (multiple Knospung des polyploiden Großkerns, vgl. S. 61).

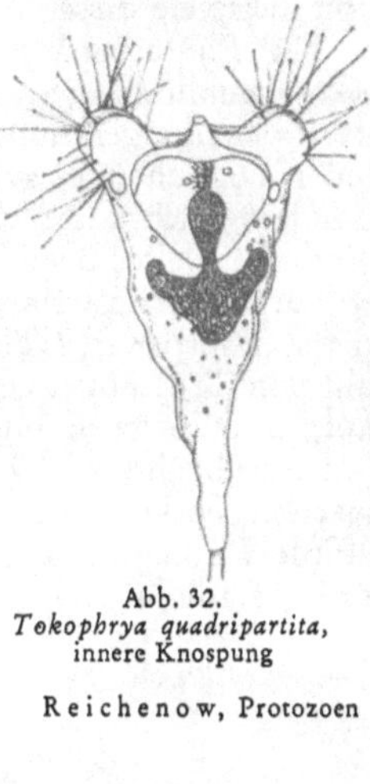

Abb. 32.
Tokophrya quadripartita, innere Knospung

Bei den Thigmotricha gibt es einige durch die parasitische Lebensweise an Molluskenkiemen stark abgeänderte Vertreter (Gattung *Sphenophrya*), die stark an die Suktorien erinnern. Sie besitzen einen Saugrüssel, durch den sie Nahrung aus dem Wirtsgewebe aufnehmen, der aber den Tentakeln der Suktorien nicht homolog ist; ferner sind sie völlig unbewimpert. Auch sie bilden durch Knospung bewimperte Schwärmer. Bei diesen Formen und ebenso bei den Suktorien sind trotz des Fehlens von Wimpern doch Basalkorngruppen erhalten geblieben. Dadurch, daß solche in die Knospen mit aufgenommen werden, erklärt es sich, daß diese wieder als bewimperte Stadien auftreten können (vgl. S. 63).

d) Multiple Teilung. Die Zweiteilung der Protozoen setzt nicht immer in dem Zeitpunkt ein, wenn der Körper etwa das Doppelte der Ausgangsgröße erreicht hat, sondern in manchen Fällen geht das Wachstum darüber hinaus und die Vermehrung erfolgt darauf in der Weise, daß mehrere Zweiteilungen ohne eingeschaltetes Wachstum unmittelbar aufeinander folgen. Bei den Ciliaten der Gattung *Colpoda*, deren Vertreter sich innerhalb einer Zystenhülle vermehren, entstehen auf diese Weise häufig 4 Individuen in der Zyste. Zahlreiche Beispiele dieser Art bietet uns die Flagellatenordnung der Phytomonadina. Entstehung von 4, 8 und bei der Gametenbildung (S. 71) noch mehr Individuen durch gehäufte Zweiteilungen finden wir nicht nur bei chlorophyllführenden Formen (*Chlamydomonas*, *Haematococcus* u. a.), sondern auch bei farblosen, wie *Polytoma*. Ein solches Verhalten leitet über zu der multiplen Teilung, bei der nach der Entstehung einer größeren Zahl von Kernen der Zellkörper gleichzeitig in eine entsprechende Anzahl von Teilstücken zerfällt, wobei er entweder völlig aufgebraucht wird oder eine kernlose Masse (Restkörper) zurückbleibt, die zugrunde geht. Abgesehen von vereinzelten Vorkommen bei verschiedenen Protozoen ist die multiple Teilung die Fortpflanzungsweise der Foraminiferen, Radiolarien und Telosporidien.

Bei den Foraminiferen führt sie zur Entstehung zahlreicher Keime, die entweder mit zunächst einkammeriger Schale versehene Jugendformen oder begeißelte, manchmal auch amöboide Gameten sind (S. 70). Bei den Radiolarien wird die multiple Teilung, die zur Entstehung begeißelter Schwärmformen führt, verbreiteter beobachtet als die Vermehrung durch Zweiteilung, die bei diesen Organismen ebenfalls vorkommt. Bei den Telosporidien (Abb. 35 B-E) wird dieser Vermehrungsvorgang als Schizogonie bezeichnet, und die aus ihm hervorgehenden Keime heißen Merozoiten. Die Kernvermehrung, die dem Zerfall des Körpers in einkernige Teilstücke voraufgeht, ist gewöhnlich eine Folge mitotischer Teilungen. Nur bei einer Gruppe der Radiolarien, den Phaeodarien, kennen wir eine multiple Kernteilung, die in dem Zerfall des polyploiden Kerns in die einzelnen Genome besteht (S. 61).

e) Koloniebildung. Weit verbreitet finden wir die Erscheinung, daß die aus den Vermehrungsvorgängen hervorgehenden Nachkommen sich nicht völlig von einander trennen, daß vielmehr die Sprößlinge mehrerer Generationen mit ihren Hüllen oder mit Stielbildungen in Verbindung bleiben, so daß uns die betreffenden Arten stets als Kolonien entgegentreten, die je nach ihrer Entstehungsweise mannigfaltige Gestalten aufweisen (Abb. 37, 42). Die einzelnen Glieder der Kolonie bewahren dabei gewöhnlich ihre Selbständigkeit; jedes einzelne ist fortpflanzungsfähig und kann wieder eine Kolonie aus sich hervorgehen lassen. Der Zusammenhang wird inniger, wenn die zur Kolonie vereinigten Individuen auch durch lebendige Substanz verbunden bleiben. Unter den auf verzweigten Stielen sitzenden Vertretern der Peritricha zeichnet sich die Gattung *Zoothamnium* dadurch aus, daß die Stielmuskeln (S. 31), mit denen die einzelnen Individuen versehen sind, alle zusammenhängen. Ein Reiz, der bei einem Individuum Kontraktion von Körper und Stiel auslöst, überträgt sich daher auf die anderen und bewirkt die Kontraktion der ganzen Kolonie. Die gegenseitige Beeinflussung geht hier aber noch weiter. Die Glieder der Kolonie sind nicht mehr gleichartig, sondern einige von ihnen erfahren ein Riesenwachstum, da ihnen auch Nährstoffe von den anderen zugeführt werden, und diese Riesenformen sind allein fähig, sich zu vermehren und neue Kolonien zu bilden.

In extremen Fällen erreicht der Zusammenhang und die gegenseitige Abhängigkeit der Individuen einer Kolonie einen so hohen Grad, daß uns die Vereinigung von Einzelzellen wie ein einheitliches vielzelliges Individuum entgegentritt. Derart erscheinen uns unter den koloniebildenden Phytomonadinen die Arten der Gattung *Volvox*. Bei ihnen sitzen in der Peripherie einer großen Gallertkugel Hunderte oder Tausende von Individuen, die alle durch Cytoplasmafäden miteinander verbunden sind. Die große Mehrzahl von ihnen sind somatische Zellen, die nicht fortpflanzungsfähig sind, während einige wenige, bedeutend größere Individuen generative Zellen sind, die entweder durch Teilungen neue Kolonien bilden oder sich zu weiblichen und männlichen Geschlechtszellen differenzieren können (S. 73). Auch die somatischen Zellen sind untereinander nicht völlig gleich, wie wir daran erkennen, daß die in der Bewegungsrichtung der Kugel vorn gelegenen Zellen größere Stigmen aufweisen als die des hinteren Abschnitts.

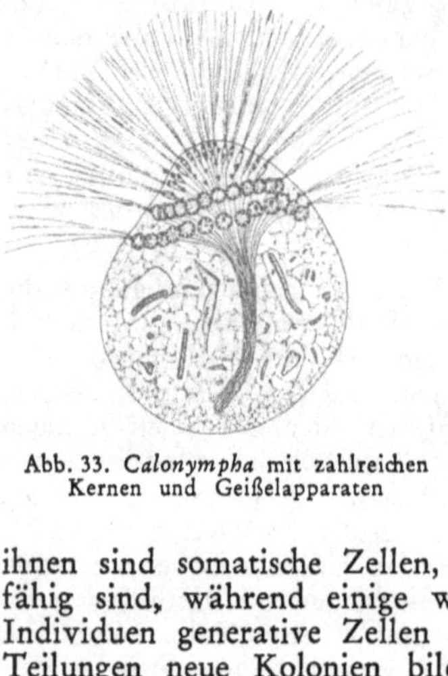

Abb. 33. *Calonympha* mit zahlreichen Kernen und Geißelapparaten

Schließlich begegnen uns unter den Protozoen auch „Kolonialindividuen“, bei denen zahlreiche Einzelindividuen in einem gemeinsamen Zelleib vereinigt sind, also eine körperliche Einheit bilden. Ein Beispiel ist das im

Darme von Termiten vorkommende Flagellat *Calonympha* (Abb. 33). Wir können uns solche Formen aus einfach gestalteten Individuen entstanden denken, wenn wir annehmen, daß Kernteilungen und Vervielfältigung der Geißelapparate stattgefunden haben, Körperteilungen aber unterblieben sind.

8. Sexualität

Wie wir erfahren haben, erfolgt die Vermehrung der Protozoen auf ungeschlechtlichem Wege. Eine solche Vermehrungsweise, durch Teilung oder Knospung, kann auch in manchen Metazoenstämmen (Coelenteraten und Würmer) vorkommen. Die Regel ist bei den Metazoen aber die geschlechtliche Fortpflanzung, die Entstehung eines neuen Organismus durch einen Befruchtungsakt, durch die Vereinigung einer männlichen und einer weiblichen Geschlechtszelle. Auch wo eine Befruchtung unterbleibt, in den Fällen von Parthenogenese, bilden doch den Ursprung der Entwicklung weibliche Geschlechtszellen. Ganz entsprechende Befruchtungsvorgänge wie bei den Metazoen kommen auch bei den Protozoen vor, doch stehen sie hier mit der Vermehrung in keinem Zusammenhang. Bei den Einzelligen werden keine besonderen Fortpflanzungsprodukte erzeugt, sondern es sind die ganzen Individuen selbst, die sich gegebenenfalls als Geschlechtszellen betätigen. Der Geschlechtsakt kann sich in zweierlei Form abspielen: als Kopulation, wobei zwei Individuen dauernd miteinander verschmelzen, wie Spermium und Ei bei den Metazoen, oder als Konjugation, die nur eine vorübergehende Vereinigung ist, welche nach einem Kernaustausch wieder rückgängig gemacht wird. Im ersteren Falle wird die Zahl der Individuen auf die Hälfte vermindert, im letzteren bleibt sie die gleiche.

a) Die Kopulation ist ein Vorgang, bei dem zwei Individuen einer Art, chemotaktisch angezogen, aufeinander zu streben, worauf zunächst die beiden Zellkörper und dann die beiden Kerne verschmelzen. Das Produkt dieser Verschmelzung ist eine Zygote. In seltenen Fällen (bei einigen Flagellaten und Amöben) stimmen solche sich vereinigenden Individuen, die wir Gameten nennen, im Aussehen völlig mit ihren nicht auf einen Geschlechtsakt eingestellten Artgenossen, den Agameten, überein (Hologamie). Gewöhnlich unterscheiden sie sich von solchen, können dabei aber untereinander morphologisch gleich sein (Isogameten). Wir finden die Isogamie bei den Foraminiferen. Die Gameten entstehen hier in großer Zahl durch multiple Teilung (S. 66) ihres Muttertieres, des Gamonten. Von den Agameten, die ebenfalls durch multiple Teilung aus einem Agamonten hervorgehen, unterscheiden sie sich dadurch, daß sie unbeschalt und meist mit 2 Geißeln (bei einigen Arten auch mit einer oder 3 Geißeln) versehen sind. In Fällen, wo die Gameten nicht entfernt voneinander entstehen, sondern die Gamonten sich vor der Gametenbildung paarweise aneinander lagern, kommt es manchmal vor, daß die Isogameten unbegeißelte amöboide Formen sind. Eine Schale (Embryonalkammer, S. 18) wird erst nach der Kopulation gebildet. Da die Gameten sehr winzig sind, ist auch die Zygote meist kleiner als der junge Agamet. Das kommt auch in der Größe der Embryonalkammer zum Ausdruck, so daß man daran bei vielen Foraminiferen die geschlechtlich erzeugte Generation von der ungeschlechtlich entstandenen unterscheiden kann (mikrosphärische und makrosphärische Generation, Abb. 34).

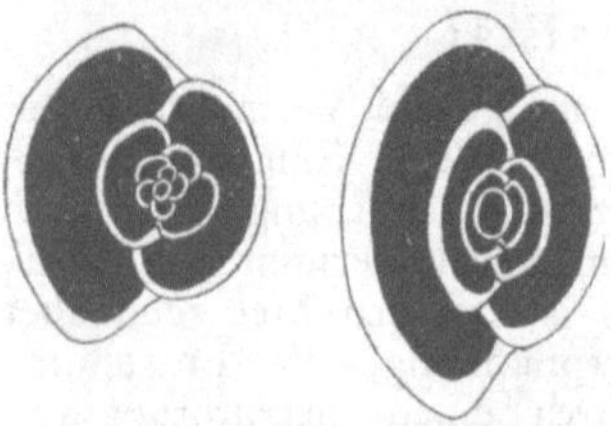

Abb. 34. *Biloculina*. Querschnitt durch ein mikro- und ein makrosphärisches Gehäuse. — Nach Schlumberger

Von den ebenfalls aus multipler Teilung hervorgegangenen zweigeißeligen Radiolarienschwärmern sind nur diejenigen der Acantharien als Isogameten erkannt, da ihre Kopulation beobachtet worden ist. Ob auch die Schwärmer anderer Radiolarien Gameten sind, ließ sich noch nicht ergründen, da ihre Weiterentwicklung nur in großer Meerestiefe vonstatten geht.

Unter den Telosporidien weist ein Teil der Gregarinen Isogamie auf. Bei den Gregarinen vereinigen sich zwei Gamonten in einer gemeinsamen Zyste, und jeder von ihnen liefert durch multiple Teilung zahlreiche Gameten, die innerhalb der Zystenhülle paarweise kopulieren. Bei den meisten Gregarinen weichen die Abkömmlinge der beiden Gamonten morphologisch voneinander ab, so daß wir weibliche und männliche Gameten unterscheiden können. Die Anisogamie kann darin bestehen, daß der weibliche Gamet größer ist als der männliche, ferner darin, daß er unbeweglich ist, während der männliche Geißeln besitzt, und sie kann in sehr verschiedenem Grade ausgebildet sein. Das Extrem, bei dem die Verschiedenheit derjenigen von Ei und Spermium der Metazoen entspricht und das daher als Oogamie bezeichnet wird, finden wir bei den mit den Gregarinen verwandten Coccidien. Hier entstehen die weiblichen Gameten (Makrogameten) durch Heranwachsen ungeteilt bleibender Individuen zu großen eiartigen Gebilden mit reichlicher Speicherung von Reservestoffen im Cytoplasma (Abb. 35 F, G_1, H_1). Nur die männlichen Gameten (Mikrogameten) gehen aus Gamonten durch multiple Teilung hervor (F, G_2). Sie bestehen fast nur aus Kernsubstanz und dem Bewegungsapparat in Gestalt von zwei Geißeln (H_2). Infolgedessen bleibt bei ihrer Bildung fast das ganze Cytoplasma des Muttertieres als großer Restkörper zurück. Die Kopulation ist in den Fällen der Oogamie nicht mehr eine Verschmelzung der Zellkörper, sondern der männliche Gamet dringt in den weiblichen ein, wie das Spermium in das Ei (J).

Alle Übergänge von der Isogamie bis zur Oogamie begegnen uns auch in der Flagellatenordnung der Phytomonadina, ja sogar innerhalb der einen Gattung *Chlamydomonas*. Bei den Vertretern dieser Ordnung entstehen die Gameten durch gehäufte Zweiteilungen (S. 66) und sind daher um so kleiner, je mehr Teilungen aufeinander gefolgt sind. Bei *Chlamydomonas* gibt es Arten mit Isogamie

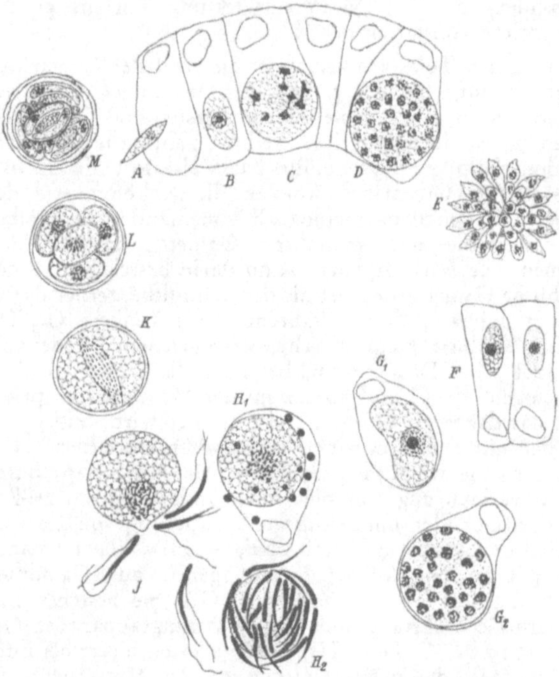

Abb. 35. *Eimeria schubergi*, Entwicklungskreis. — Nach Schaudinn, verändert

und andere mit sehr verschiedenen Größendifferenzen der Gameten. Als Oogamie sind die Fälle zu bezeichnen, wo den sehr kleinen Mikrogameten Makrogameten entsprechen, welche die Normalgröße der Art aufweisen oder noch darüber hinaus gewachsen sind. Letzteres ist z. B. bei *Chlamydomonas coccifera* der Fall, deren Makrogameten noch dazu durch Geißelverlust unbeweglich geworden sind. Die koloniebildenden Vertreter der Phytomonadina weisen ebenfalls alle Stufen der Gametendifferenzierung auf. Von den verbreitetsten Gattungen derselben zeigt *Pandorina* Anisogamie verschiedenen Grades, während bei *Eudorina* und *Volvox* Oogamie herrscht, wobei die Makrogameten geißellos sind und die übrigen Glieder der Kolonie bei ersterer nur wenig, bei letzterer gewaltig an Größe übertreffen.

b) Die Konjugation, den Ciliaten eigentümlich und bei diesen allgemein verbreitet, ist ein Vorgang wechselseitiger Befruchtung von zwei Individuen, analog den Vorgängen, die bei hermaphroditen Metazoen (gewissen Würmern und Schnecken) vorkommen. Diese Analogie wird ermöglicht durch den Kerndualismus der Ciliaten, durch das Vorhandensein eines besonderen Geschlechtskernes, aus dessen Teilungen zwei Kerne hervorgehen, von denen der eine den männlichen, der andere den weiblichen Partner für die entsprechenden Kerne eines zweiten Individuums darstellt. Die zur Konjugation schreitenden Individuen sind in der Regel im Aussehen weder untereinander noch von anderen Artgenossen morphologisch abweichend. Doch sind für die Vereinigung gewisse physiologische Eigenschaften maßgebend, denn es konjugieren nicht beliebige Individuen verschiedener Herkunft mit einander. Bei einigen Arten, z. B. *Paramecium bursaria,* hat die Züchtung von einzelnen Individuen ausgehender Stämme (Klone) ergeben, daß die Art in zahlreiche Paarungstypen zerfällt, die nur in bestimmten Kombinationen sexuelle Anziehung aufeinander ausüben.

Der Konjugationsvorgang weist in seinem Verlauf trotz Übereinstimmung in der entscheidenden Phase eine große Mannigfaltigkeit bei verschiedenen Arten auf. Wir wollen ihn bei *Paramecium bursaria* betrachten, das uns ein Beispiel verhältnismäßig einfachen Verlaufes bietet (Abb. 36). Zwei Paramecien legen sich mit ihrer Mundregion aneinander und hinter dem Munde entsteht durch Verschmelzung eine Cytoplasmabrücke zwischen den beiden Partnern. Dann treten an beiden Konjuganten gleichzeitig Veränderungen an den Kleinkernen auf, während die Großkerne völlig unbeteiligt bleiben und später zugrunde gehen. Die Kleinkerne lockern sich auf und werden dadurch stark vergrößert.

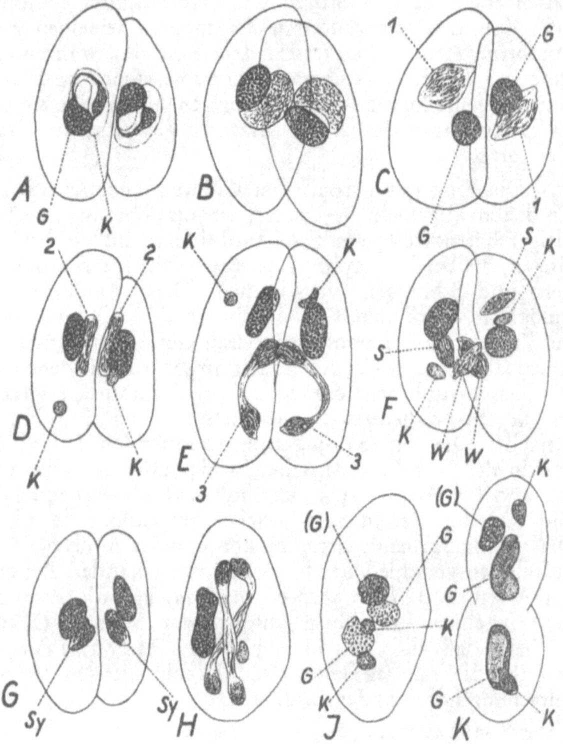

Abb. 36. *Paramecium bursaria*, Konjugation. — Nach Hamburger. G Großkern, K Kleinkern, 1, 2, 3 erste, zweite, dritte Kleinkernteilung, S stationärer Kern, W Wanderkern, Sy Synkaryon, (G) alter Großkern

Sie nehmen eine sichelförmige Gestalt an, und ihr Chromatin tritt in fädiger Anordnung auf (A). Die Bedeutung dieses Sichelstadiums werden wir später erörtern (S. 79). Der Kern rundet sich wieder ab (B) und tritt dann in die erste mitotische Teilung ein (C 1). Von den aus dieser hervorgehenden Tochterkernen verfällt der eine der Auflösung, der andere teilt sich zum zweitenmal (D 2). Wieder geht einer der entstehenden Kerne zugrunde, während der übrigbleibende eine dritte Teilung vollzieht (E 3). Diese führt zur Entstehung eines stationären und eines Wanderkernes. Die Wanderkerne der beiden Konjuganten werden durch die Cytoplasmabrücke ausgetauscht (F) und verschmelzen mit dem stationären Kern des Partners zu einem Synkaryon (G). Damit ist die wechselseitige Befruchtung vollzogen, und die weiteren Vorgänge, die zur Reorganisation des Kernapparates führen, spielen sich ab, nachdem sich die Konjuganten wieder getrennt haben.

Aus dem Synkaryon gehen durch zweimalige Teilung (H) 4 Kerne hervor. Zwei von diesen sind neue Kleinkerne, die beiden anderen stellen Anlagen neuer Großkerne dar (J). Während diese Anlagen heranwachsen, vermehren sich in ihnen die Genome durch wiederholte Endomitosen (vgl. S. 11). Auf diese Weise werden die Großkerne polyploid. Bei der ersten Teilung des Exkonjuganten (K) werden die Mikro- und Makronuklei auf die beiden Tochtertiere verteilt, und dadurch ist der normale Kernbestand wieder hergestellt. Ein Rest des alten, funktionslos gewordenen Großkerns kann im vorliegenden Falle auch jetzt noch erhalten sein.

Auf die mannigfachen Abweichungen, die der Konjugationsvorgang anderer Ciliaten von dem hier dargestellten zeigt, sei in Kürze hingewiesen. In den häufigen Fällen, wo eine Art im Besitze von zwei Kleinkernen (z. B. *Paramecium aurelia)* oder von zahlreichen *(P. multimicronucleatum)* ist, treten bei der Konjugation alle diese Kerne in mitotische Teilungen ein. Die Teilung in stationären und Wanderkern wird aber immer nur von einem der Kerne vollführt, so daß das Ergebnis der Konjugation in jedem Partner stets ein Synkaryon ist, von dem die Reorganisation des Kernapparates auszugehen hat. Die Art und Weise, wie dies geschieht, ist sehr verschieden, selbst bei nahe verwandten Arten. Hierfür ein paar Beispiele. Der einfachste Fall, eine einmalige Teilung des Synkaryons, die unmittelbar zur Entstehung eines neuen Mikronukleus und einer neuen Makronukleusanlage führt, finden wir bei *Chilodonella uncinata.* Bei *Paramecium aurelia* entstehen wie bei *P. bursaria* aus zwei Teilungen je zwei Klein- und zwei Großkerne. Bei der ersten Körperteilung teilen sich die Kleinkerne ebenfalls, während jedem Tochtertier einer der Großkerne zufällt. Dadurch ist der normale Kernbestand dieser Art wieder hergestellt. Bei *Paramecium caudatum* entstehen aus dreimaliger Teilung des Synkaryons

8 Kerne. Von diesen sind 4 neue Makronukleus-Anlagen, die bei den beiden nachfolgenden Körperteilungen verteilt werden, einer ist der neue Mikronukleus, der jedesmal die Körperteilung mitmacht, und 3 gehen zugrunde. Auch viermalige Teilung des Synkaryons vor Eintritt der Kerndifferenzierung kommt vor, z. B. bei *Paramecium multimicronucleatum.*

In einer Reihe von Fällen weisen die beiden Partner stets eine deutliche Verschiedenheit in der Größe auf, so daß man Makro- und Mikrokonjuganten unterscheiden kann. Hochgradig ist der Unterschied bei den Peritricha, bei denen er offenbar eine Anpassung an die festsitzende Lebensweise der meisten Vertreter dieser Ordnung darstellt. Die zweierlei Konjuganten können aus ungleichhälftiger Teilung eines Individuums hervorgehen. Meist aber entstehen die Mikrokonjuganten durch 2 oder 3 unmittelbar aufeinander folgende Teilungen, während die Makrokonjuganten mit anderen Artgenossen in der Größe übereinstimmen (Abb. 37). Die Mikrokonjuganten werden durch Ausbildung eines hinteren Wimperkranzes zu Schwärmformen und suchen die festsitzenden Makrokonjuganten auf. Die Vereinigung führt hier zu einer völligen Verschmelzung, wobei höchstens ein kleiner kernloser, nicht weiter lebensfähiger Rest des Mikrokonjuganten zurückbleibt. Diese totale Konjugation macht äußerlich ganz den Eindruck einer Kopulation, doch erfolgen Teilungen der von beiden Partnern stammenden Mikronuklei bis zur Bildung von stationärem und Wanderkern ganz wie bei der isogamen Konjugation. Es vereinigt sich aber nur der von dem Mikrokonjuganten stammende Wanderkern mit dem stationären Kern des Makrokonjuganten zur Bildung eines Synkaryons. Alle anderen

Abb. 37. Kolonie von *Epistylis umbellaria.* — Nach Greeff, verändert. Bildung von Mikrokonjuganten und Konjugationen

Kerne werden aufgelöst. Totale Konjugation beobachten wir auch bei den Chonotricha und bei einem Teil der Suctoria. In diesen Fällen erfolgt die Vereinigung zwischen zwei nahe benachbart sitzenden Individuen, von denen sich bei der Verschmelzung das eine von der Unterlage ablöst (Abb. 38).

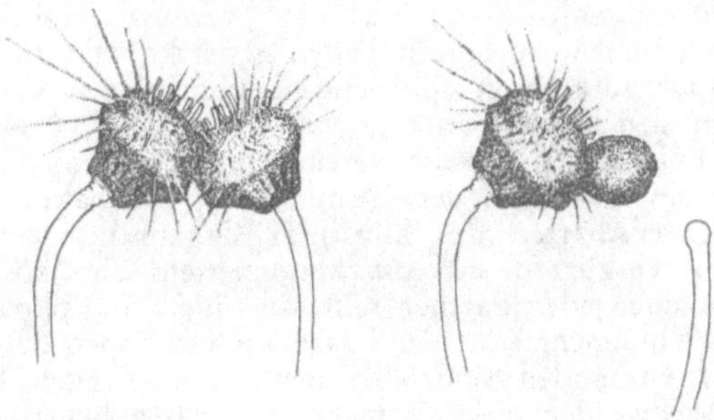

Abb. 38. *Ephelota gemmipara*, Konjugation. — Nach Grell

Wir sehen, daß mit der wechselseitigen Befruchtung der Ciliaten die Neubildung des somatischen Kerns, des Makronukleus, aus einem Abkömmling des generativen Kerns, des Mikronukleus, zwangsläufig verbunden ist. Solche Kernerneuerung ist bei vielen Ciliaten offenbar nach einer Reihe von Generationen erforderlich. Sie kann im Bedarfsfalle auch erfolgen, wenn das betreffende Individuum keinen geeigneten Konjugationspartner findet. Die Vorgänge, die sich dabei an den Kernen abspielen, stimmen völlig mit dem Verlauf bei der Konjugation überein, nur mit der Abweichung, daß die beiden aus der letzten Kleinkernteilung hervorgegangenen Kerne wieder miteinander zur Bildung eines Synkaryons verschmelzen. Es findet also eine Selbstbefruchtung (Autogamie) statt. Von dem Synkaryon aus wird dann der neue Kernapparat ebenso wie in einem Exkonjuganten aufgebaut.

c) Kernreduktion. Das Wesentliche eines jeden Befruchtungsvorganges besteht in der Verschmelzung zweier Kerne, woraus sich ein Kern mit doppelter Chromosomenzahl ergibt. Von Ausnahmen abgesehen, enthält jeder Geschlechtskern einen einzigen Chromosomensatz (Genom), er ist haploid. Das aus der Vereinigung hervorgehende Synkaryon enthält zwei Genome, es ist diploid. Diesen diploiden Kernzustand weisen bei den Metazoen alle Körperzellen auf. Nur bei der Bildung der Geschlechtszellen wird der haploide Zustand durch die Reifeteilungen wieder hergestellt. Diesen Teilungen geht die Erscheinung der Chromosomenkonjugation voraus, wobei die Chromosomen, zu langen Fäden gestreckt, alle an einem Kernpol aufgehängt sind und die homologen Chromosomen der beiden Genome väterlicher und mütterlicher Herkunft sich paarweise vereinigen. In diesem Stadium kann ein Austausch der Gene (S. 9), der Faktoren für die Eigenschaften des künftigen Organismus erfolgen. Später verkürzen sich die konjugierten Chromosomenpaare und jeder Partner teilt sich durch Längsspaltung, so daß nunmehr statt der Paare Vierergruppen (Tetraden) vorhanden sind. Bei den anschließenden beiden Mitosen werden diese Gruppen jedesmal halbiert. Durch die erste (die Reduktionsteilung) werden die Chromosomenpaare getrennt, durch die zweite (die Äquationsteilung) werden die Spalthälften jedes Chromosoms verteilt. Auf diese Weise sind 4 Kerne mit haploider Chromosomenzahl entstanden. Im männlichen Geschlecht wird bei den Metazoen aus jedem dieser Kerne der Kern eines Spermatozoon. Im weiblichen Geschlecht wird nach jeder Reifeteilung einer der beiden Kerne als sog. Richtungskörper ausgestoßen, so daß nur eine Eizelle mit haploidem Kern entsteht.

Befruchtungsvorgänge, die bis in die feinsten Einzelheiten überraschend mit der Eireifung bei Metazoen übereinstimmen, begegnen uns unter den Protozoen bei *Actinophrys* und *Actinosphaerium.* Bei diesen Heliozoen zeigt der Befruchtungsvorgang die Besonderheit, daß er eine Autogamie ist, denn die nach erfolgter Reifung kopulierenden Individuen sind aus der Teilung eines Muttertieres hervorgegangen. Der Verlauf ist bei *Actinophrys* folgender: Ein Individuum teilt sich nach Abscheidung einer Gallerthülle, und in jeder der Tochterzellen tritt das Stadium der Chromosomenkonjugation auf (Abb. 39 A). Bei den beiden anschließenden Mitosen (B, C und D, E) bleibt jedesmal nur einer der Tochterkerne erhalten, während der andere nach Verklumpung des Chromatins zugrunde geht. Durch diese Reifeteilungen, die ganz auffällig der Richtungskörperbildung bei der Eireifung entsprechen,

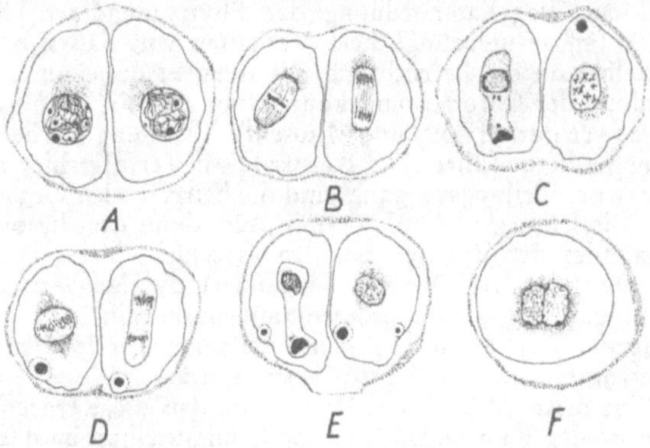

Abb. 39. Autogamie von *Actinophrys.* — Nach Belar
A Chromosomenkonjugation, B, C erste, D, E zweite Teilung der Kernreduktion, F Kopulation

wird die Chromosomenzahl von 44 auf 22 herabgesetzt. Darauf kopulieren die beiden Individuen (F), und durch die nachfolgende Kernverschmelzung wird der diploide Zustand wieder hergestellt. Bei dem vielkernigen *Actinosphaerium* ist der Verlauf ganz übereinstimmend, nachdem der Organismus zuvor in zahlreiche einkernige Teilstücke zerfallen ist.

Die Bewahrung des diploiden Kernzustandes bis unmittelbar vor Eintritt einer neuen Befruchtung ist, von solchen Einzelfällen wie den obigen abgesehen, eine Besonderheit der Ciliaten. Bei dem Konjugationsvorgang derselben (S. 73) erfolgt in dem Sichelstadium des Kleinkerns die Chromosomenkonjugation und die beiden anschließenden Mitosen führen zur Halbierung der Chromosomenzahl, wie bei zahlreichen Arten nachgewiesen worden ist. Der Kern, welcher die dritte Teilung in stationären und Wanderkern vollführt, ist bereits ein haploider Gametenkern.

In anderen Fällen, wo uns die Einzelheiten der sexuellen Vorgänge gut bekannt sind, nämlich bei den Telosporidien und der Flagellatenordnung der Phytomonadinen, liegt das offenbar ursprünglichere Verhalten vor, daß sich unmittelbar an die Befruchtung, die Kernverschmelzung, das Stadium der Chromosomenkonjugation anschließt und daß die erste darauf folgende Mitose die Trennung der beiden Genome herbeiführt. Die Kernreduktion erfolgt hier also in einem Teilungsvorgang, und die betreffenden Organismen sind dauernd haploid, mit Ausnahme des diploiden Zustandes der Zygote. Bei den Coccidien bietet in der Zygote (hier als Oocyste bezeichnet) die langgestreckte Kernfigur der Chromosomenkonjugation ein sehr auffallendes Bild (Abb. 35 K) und ist schon seit langem als „Befruchtungsspindel" beschrieben worden.

Eine dritte Möglichkeit liegt darin, daß die Kernreduktion weder unmittelbar vor, noch unmittelbar nach dem Befruchtungsakt, sondern im Laufe des Entwicklungsganges eintritt, so daß bei den betreffenden Organismen ein Wechsel von Generationen mit diploider und haploider Phase besteht. Ein solches Verhalten, das uns sonst nur bei pflanzlichen Organismen, nämlich bei Moosen und Farnen, bekannt ist, hat sich auch bei einer Protozoenordnung, den Foraminiferen, herausgestellt. Hierauf kommen wir in dem nächsten Kapitel zurück.

9. Entwicklung

Bei der verbreitetsten Vermehrungsweise der Protozoen, der Zweiteilung, sind mit der Entstehung der beiden Tochterindividuen Reorganisationsvorgänge verknüpft, die dazu führen, daß die Individuen bereits bei ihrer Trennung oder doch kurz darauf dem Muttertiere in der Organisation gleichen und nur kleiner als dasselbe sind. Die Entwicklung besteht dann nur in dem Heranwachsen zur doppelten Ursprungsgröße. In den Fällen der Knospung ist dagegen der aus dem Muttertier hervorgehende Sprößling meist (bei Chonotricha und Suctoria) von demselben abweichend gestaltet und an eine andere Lebensweise angepaßt. Er ist zunächst eine Schwärmform, die erst nach dem Festsetzen durch Metamorphose das Aussehen des ausgebildeten Tieres

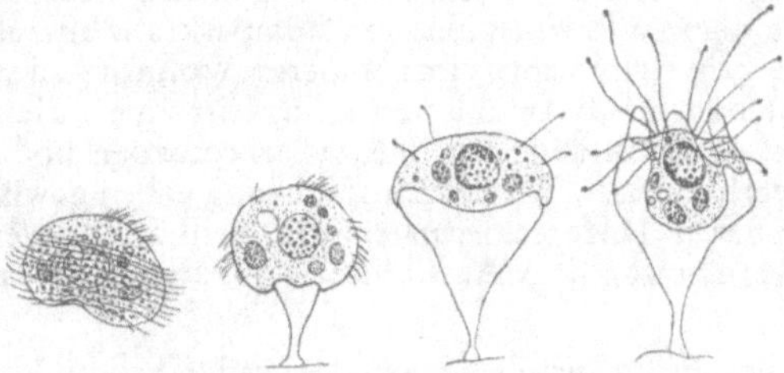

Abb. 40. *Metacineta mystacina.* Umwandlung des Schwärmers in die ausgebildete Form. — Nach Collin

gewinnt (Abb. 40). Das wurde bereits bei der Besprechung der Vermehrung durch Knospung dargestellt (S. 64). Bei der multiplen Vermehrung können die jungen Keime, abgesehen von dem bedeutenden Größenunterschied, ebenfalls im Aussehen von den erwachsenen Individuen ganz verschieden sein. Die jungen Foraminiferen besitzen anfänglich nur eine einkammerige Schale und erst während des Wachstums bilden sie durch die Art des Anbaues immer neuer Kammern das Gehäuse von charakteristischer Gestalt aus. Bei den Gregarinen, deren Jugendform (Sporozoit) ein spindelförmiges Körperchen ohne erkennbare Differenzierungen ist, entsteht, während sie mächtig heranwachsen, eine ektoplasmatische Scheidewand, die den Körper in Protomerit und Deutomerit sondert, und am Vorderende bildet sich ein Haftorganell, der Epimerit (Abb. 13).

Besondere Entwicklungsvorgänge weisen zahlreiche Protozoen auf, die unter dem Einfluß veränderter Umweltbedingungen Gestaltsumwandlungen erfahren. Das ist z. B. bei Vertretern der Familie Tetramitidae der Fall. *Tetramitus*-Arten erscheinen meist als viergeißelige, mit Cystostom versehene Flagellaten. Unter Rückbildung von Geißeln und Zellmund und Ausbildung eines Pseudopodiums am Hinterende verwandeln sie sich in Amöben, die ebenso wie das Flagellatenstadium vermehrungsfähig sind und die sich auch wieder in Flagellaten zurückbilden können. Festsitzende Peritricha werden durch ungünstige Lebensbedingungen veranlaßt, einen hinteren Wimperkranz auszubilden und als Schwärmformen einen anderen Wohnsitz zu suchen. Ein besonderes Entwicklungsstadium ist auch die Zyste (S. 16), deren Bildung bei Süßwasserprotozoen und Parasiten verbreitet ist. Bei der Einschließung gehen gewöhnlich die äußeren Differenzierungen des Zellkörpers verloren und werden vor dem Ausschlüpfen aus der Zyste reorganisiert.

Bei den Protozoen, bei denen der geschlechtliche Vorgang der Kopulation bekannt ist, sind in der Regel die Gameten von den Agameten abweichende Entwicklungsstadien, und die aus der Befruchtung hervorgehende Zygote stellt die Ursprungsform einer neuen Generation dar. Vielfach finden wir, daß Befruchtungserscheinungen ganz unregelmäßig auftreten, ausgelöst durch ungünstige Umweltbedingungen. In manchen Protozoengruppen sind sie aber regelmäßig in die Vermehrungsvorgänge eingeschaltet. Es besteht ein Generationswechsel. Ein klassisches Beispiel hierfür bieten uns die Foraminiferen, bei denen meist eine Agamogonie und eine Gamogonie mit einander abwechseln. Zwischen den beiden Generationen sind morphologische Unterschiede vorhanden, die nicht nur die Größe der Embryonalkammer betreffen (S. 70), sondern sich auch auf die Gesamtgröße, Form und Kammerzahl des Gehäuses erstrecken können. Der aus der Kopulation von Isogameten hervorgegangene Agamont wird durch frühzeitige Kernteilungen vielkernig und wächst in diesem Zustand unter Anbau neuer Kammern heran. Wenn er erwachsen ist, finden noch einmal zwei Kernteilungen statt, durch welche die Kernreduktion herbeigeführt wird. Die nunmehr durch multiple Teilung des Agamonten entsprechend der vorhandenen Kernzahl entstehenden Sprößlinge sind junge Gamonten. Sie wachsen in einkernigem Zustand heran, und erst in dem erwachsenen Gamonten entstehen durch eine schnelle Folge von Mitosen die Gametenkerne und dann durch Zerfallsteilung des Zellkörpers zahllose Gameten, deren Kopulation wieder zur Entstehung eines Agamonten führt. Da der Agamont diploid und der Gamont haploid ist, so ist bei den Foraminiferen mit dem Generationswechsel ein Phasenwechsel verbunden (vgl. S. 80). Bei manchen Vertretern dieser Ordnung weicht der Entwicklungsgang insofern ab, als zwischen zwei durch Gametenkopulation entstandene Generationen mehrere ungeschlechtlich erzeugte eingeschaltet sind. In anderen Fällen ist die Gametenbildung ganz verloren gegangen, und es wird nur agame Fortpflanzung beobachtet.

Unter den parasitischen Protozoen zeichnen sich durch einen Generationswechsel die Telosporidien aus, in deren Entwicklungsgang Agamogonie, Gamogonie, Kopulation und Sporogonie aufeinander folgen. Ein Beispiel von einer Coccidienart gibt uns die den Darm des Tausendfußes *Lithobius forficatus* bewohnende *Eimeria schubergi* (Abb. 35). Die Entwicklung geht in den Zellen des Darmepithels vor sich. Die Agamogonie durch multiple Teilung (Schizogonie) führt zur Entstehung zahlreicher Keime (Merozoiten) (A—E). Dadurch, daß diese wieder in neue Zellen eindringen, wiederholt sich der Vorgang mehrmals. Dann werden die Merozoiten zu weiblichen und männlichen Gamonten (F), die sich unterschiedlich verhalten. Der weibliche Gamont wächst in einkernigem Zustand zu einem großen eiartigen Makrogameten heran, der nach erfolgter Reife die somatischen Kernbestandteile ausstößt (G_1, H_1). Der männliche Gamont wird vielkernig (G_2) und bildet zahlreiche begeißelte Mikrogameten (H_2), von denen einer in den reifen Makrogameten eindringt (J). Unmittelbar nach der Befruchtung wird eine kräftige Membran abgeschieden; die Zygote wird zur Oocyste. Der weitere

Entwicklungsverlauf, die Sporogonie, spielt sich in der Außenwelt ab. An das Stadium der Chromosomenkonjugation (K) (vgl. S. 78) schließen sich Kernteilungen an, im vorliegenden Falle zwei, die zur Entstehung von 4 Sporenanlagen führen (L). Die Spore umhüllt sich mit einer Membran, und ihr Inhalt teilt sich in 2 Sporozoiten (M). Wenn die reife Oocyste in den Darm eines Tausendfußes gelangt, schlüpfen die Sporozoiten aus und dringen in Darmzellen ein (A), womit der Entwicklungskreis geschlossen ist.

Bei manchen Coccidien (vgl. *Aggregata, Haemogregarina, Karyolysus)* und bei den Hämosporidien ist mit dem Generationswechsel ein Wirtswechsel verknüpft. Kein Abschnitt der Entwicklung findet mehr im Freien statt, sondern der ganze Entwicklungsgang verteilt sich auf zwei Wirte, die ganz verschiedenen Tierklassen angehören und deren biologische Beziehung zueinander darin besteht, daß der eine dem anderen zur Nahrung dient. Dadurch ist die Übertragung des Parasiten gewährleistet. Von seiner Entwicklung erfolgen in dem einen Wirte Agamogonie und Gamontenbildung, in dem anderen Mikrogametenbildung, Befruchtung und Sporogonie.

Entwicklungsvorgänge, die denjenigen der Metazoen darin entsprechen, daß sie auf Zellvermehrungen beruhen, begegnen uns bei den verschiedenen koloniebildenden Protozoen. Besonders wenn dabei unter den Gliedern der Kolonie eine Differenzierung in somatische und generative Elemente auftritt, stellt die Kolonie durchaus eine vielzellige Einheit dar. Das wurde bereits früher ausgeführt (S. 68). Einen anderen Fall der Entstehung verschiedenartig differenzierter Zellen bietet der Entwicklungsgang der Myxosporidien bei der Bildung der aus mehreren Zellen zusammengesetzten Sporen. Es kann entweder das ganze Myxosporid zu einer einzigen Sporenanlage werden, oder der Organismus wächst zu einem vielkernigen Gebilde heran, in welchem um einzelne Kerne herum das Cytoplasma sich zu gesonderten Zellen gegen die umgebende Körpersubstanz abgrenzt. Jede dieser Zellen ist die Anlage eines sog. Pansporoblasten, der gewöhnlich 2 Sporen aus sich hervorgehen läßt. Das geschieht in der Weise, daß durch wiederholte Kernteilungen die Anlage schließlich 14 Kerne aufweist (Abb. 41). Die Körpermasse des Pansporoblasten zerteilt sich dann in eine zweikernige Hülle und zwei je sechskernige, von der Hülle umschlossene Spo-

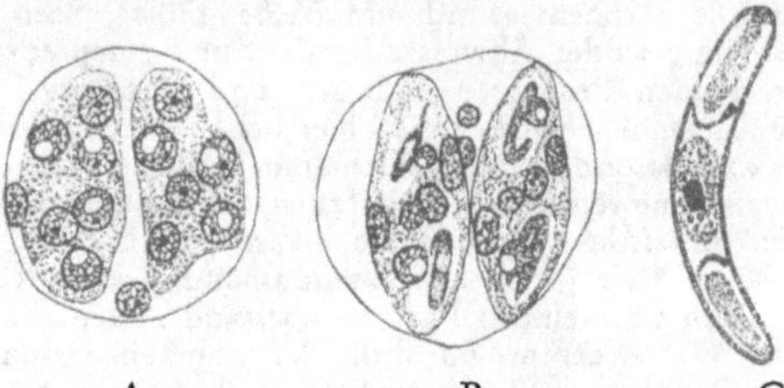

A B C

Abb. 41. *Sphaeromyxa*, Sporenbildung. A Pansporoblast mit zweikerniger Hülle und 2 sechskernigen Sporenanlagen, B Differenzierung der Sporen, C reife Spore. — Nach O. Schröder

renanlagen (A). Jede Sporenanlage zerfällt in 6 Zellen. 2 von diesen bilden die aus zwei Klappen zusammengesetzte Sporenmembran, 2 weitere bilden die beiden Polkapseln (vgl. S. 21) und 2 vereinigen sich zu dem Amöboidkeim, der später durch Kernverschmelzung einkernig wird (B). Dieser Vorgang ist offenbar eine Autogamie (vgl. S. 78).

10. Vorkommen der Protozoen

Die Protozoen sind Flüssigkeitsbewohner; sie sind in Salz- und Süßwasser jeglicher Art verbreitet. Im Meerwasser treten sie vornehmlich als Planktonorganismen auf. Die Radiolarien sind ausschließlich marin, von den Flagellaten erreichen die Coccolithophoriden und die Dinoflagellaten, von den Ciliaten die Tintinniden dort ihre größte Formenfülle. Die Foraminiferen mit ihren schweren Kalkgehäusen sind dagegen am Meeresboden oder an Wasserpflanzen sitzende Organismen; nur wenige, mit zarter Schale und langen feinen Stachelfortsätzen versehene *(Globigerina)* besitzen die nötige Schwebefähigkeit für ein planktonisches Leben. Die konstanten Unterschiede der verschiedenen Meere im Salzgehalt und besonders in der Temperatur bringen es mit sich, daß die Meeresprotozoen zum großen Teil nicht kosmopolitisch sind. In den warmen Meeresgebieten gibt es andere Arten als in den kalten. Doch finden wir auch weltweit verbreitete Arten, z. B. das seine Anwesenheit durch Erzeugung des Meerleuchtens verratende Flagellat *Noctiluca miliaris.*

Sehr verschiedenartig sind die Lebensbedingungen in Binnengewässern, je nachdem es sich um Bäche, Flüsse, Seen, Teiche, Sümpfe, Tümpel oder Abwässer handelt, und entsprechend sind die auftretenden Protozoen nach Art und Menge verschieden. Bodenbewohnende Formen treten hier neben den planktonischen mehr hervor. Besonders der Faulschlamm kleinerer stehender Gewässer weist eine reiche Protozoenfauna auf, zu der neben anderen charakteristischen Formen die bizarr gestalteten Ctenostomata gehören. Die gleiche Wasseransammlung kann im Laufe der Zeit einen wechselnden Protozoenbestand zeigen. Stark verschmutztes Wasser erfährt durch die Wirksamkeit der darin vorhandenen Organismen eine biologische Selbstreinigung, und dabei treten nacheinander auch Protozoenarten auf, die verschiedenen Reinheitsgraden des Mediums angepaßt sind.

Zahlreiche Arten, die leicht in das Zystenstadium (S. 16) übergehen, in dem sie gegen Trockenheit widerstandsfähig sind, und die auch leicht aus der Zyste wieder ausschlüpfen, sind in den kleinsten Wassermengen von kurzfristigem Bestande anzutreffen, in Regenpfützen und selbst in den winzigen Wassertröpfchen der feuchten Erde. Die Feuchtigkeit der Moospolster wird von einer artenreichen Protozoenfauna bewohnt, in der vornehmlich die beschalten Amöben (Testacea) hervortreten. So mannigfaltig die Lebensbedingungen in den Wasseransammlungen verschiedenster Art auch sind, können sie doch in allen Weltgegenden verwirklicht sein. Alle Protozoen süßer Gewässer sind daher im Gegensatz zu den Meeresprotozoen kosmopolitisch.

Kaum geringer an Artenzahl als die freilebenden Protozoen sind die parasitischen Einzeller. Nicht sehr verbreitet ist der Ektoparasitismus, der sich aus der häufigen festsitzenden Lebensweise an allerlei Organismen entwickeln kann und der dann verwirklicht ist, wenn die anhaftende Art dem betreffenden Organismus Stoffe für ihren Bedarf entzieht. *Oodinium* unter den Dinoflagellaten und die Rhynchodea unter den thigmotrichen Ciliaten sind Beispiele hierfür.

Für den Entoparasitismus, den Wohnsitz im Inneren anderer Organismen, stellen alle Protozoenklassen viele Vertreter, und die Klasse der Sporozoen besteht nur aus Parasiten. Als Wirte dienen Vertreter aller Tierstämme von den Protozoen selbst bis zu den Wirbeltieren. Die Formen des Parasitismus sind äußerst mannigfach. Es können die verschiedenen Hohlräume des Wirtskörpers (Darmkanal, Leibeshöhle, Blutgefäßsystem) befallen sein, oder der Sitz ist in den Geweben bestimmter Organe oder auch im Inneren von Körperzellen. Von den echten Parasiten, die auf Kosten der Körpersubstanzen ihrer Wirte leben, lassen sich als Kommensalen solche Formen unterscheiden, die wie die meisten darmbewohnenden Flagellaten und Amöben den Überschuß der zugeführten Nahrung ausnutzen oder sich von anderen in dem Organ vorhandenen Mikroorganismen (Darmbakterien) ernähren. Wenn der Gast seinem Wirte durch das Zusammenleben sogar von Nutzen ist, so liegt eine Symbiose vor. Die ernährungsphysiologische Bedeutung, welche der intracellularen Symbiose bei vielen Protozoen zukommt, wurde bereits erörtert (S. 44). Ein Beispiel lebenswichtiger Symbionten sind die eigenartigen Flagellaten (Calonymphidae, Pyrsonymphidae, Hypermastigidae), die in großer Menge den Darm der holzfressenden Termiten bevölkern, denn sie verwerten das für die Termiten selbst unverdauliche Holz zum Aufbau ihres eigenen Körpers, der die eigentliche Nahrung des Wirtes bildet. Die Termiten erwerben diese Flagellaten durch Verzehren des Kotes ihrer Artgenossen. Ohne die Symbionten müssen sie verhungern. Es liegt nahe, eine ähnliche Rolle den Entodiniomorpha zuzuschreiben, die in Gemeinschaft mit noch anderen Ciliaten in ungeheurer Menge den Pansen der Wiederkäuer sowie Blinddarm und Dickdarm nicht wiederkauender Huftiere und einiger anderer Säugetiere bewohnen. Doch sind diese Ciliaten vielleicht nur Kommensalen, denn eine ernährungsphysiologische Bedeutung derselben hat sich bisher nicht erweisen lassen.

Auch bei den echten Parasiten sind die Wechselbeziehungen zwischen ihnen und den befallenen Organismen in der Regel derartig gestaltet, daß dem Wirte kein merklicher Schaden zugefügt wird. Wenn wir auch zahlreiche Krankheitserreger unter den Protozoen kennen, so sind diese doch nur Ausnahmen von der Regel. Bei Protozoen, deren Entwicklungsgang nur eine beschränkte Ausbreitung in einem Wirte zuläßt, wie z. B. bei den Coccidien, hängt es ganz von der Menge der aufgenommenen Keime (Oocysten) ab, ob die Infektion eine solche Stärke erreicht, daß Krankheitserscheinungen auftreten. Wo Übervölkerung herrscht, zahlreiche Individuen auf engem Raume zusammengedrängt sind, da sind die Bedingungen zur Aufnahme einer gesteigerten Keimzahl gegeben. Auf diese Weise treten die Coccidien (vornehmlich *Eimeria*-Arten) als Krankheitserreger bei unseren Haustieren, in Geflügelzuchten, in Fischteichen auf.

Protozoen, deren Vermehrungsfähigkeit in einem Wirte von Natur unbegrenzt ist, werden durch Abwehrkräfte ihrer natürlichen Wirte soweit in Schach gehalten, daß ihre Ausbreitung keinen bedrohlichen Grad erreicht. Wenn es ihnen aber gelingt, sich in ungewöhnlichen Wirten anzusiedeln, bei denen die Abwehrkräfte nicht ausgebildet sind, dann wirken sie bei diesen pathogen. So finden wir, daß alle als Krankheitserreger auftretenden Protozoen noch andere Wirte haben, für welche sie harmlos sind. Der Erreger der afrikanischen Schlafkrankheit des Menschen, *Trypanosoma gambiense*, und andere pathogene Trypanosomenarten der Haustiere kommen alle in manchen Antilopenarten oder anderen Arten des afrikanischen Großwildes vor, ohne deren Gedeihen zu beeinträchtigen. Mit den drei Erregern der menschlichen Malaria *(Plasmodium vivax, P. malariae* und *P. falciparum)* übereinstimmende Blutparasiten beherbergen die afrikanischen Menschenaffen, Gorilla und Schimpanse, ohne darunter zu leiden.

Als Krankheitserreger können Protozoen auch in ihren natürlichen Wirten auftreten, wenn Schädigungen, welche dieselben treffen, ihre Widerstandsfähigkeit herabsetzen. *Entamoeba histolytica* lebt normalerweise ebenso wie andere Amöben im menschlichen Darmkanal als harmloser Kommensale. Sie breitet sich aber auch geschwürbildend in die Darmwand aus, wenn deren Widerstandskraft durch die Wirksamkeit anderer Mikroorganismen oder auch durch klimatische Einflüsse geschwächt ist, und dann kann sie auch in die Leber und in andere Organe verschleppt werden und dort Abszesse hervorrufen.

B. ÜBERSICHT ÜBER DAS SYSTEM

Stamm: *Protozoa*, Urtiere

1. Klasse: *Mastigophora (Flagellata)*, Geißeltiere.

Mit Geißeln als Bewegungsorganellen versehen. Die meisten Ordnungen enthalten vorwiegend chlorophyllführende Vertreter, daneben aber auch farblose. Farblose Flagellaten, die keine verwandtschaftlichen Beziehungen zu chlorophyllhaltigen mehr erkennen lassen, sind in den Ordnungen Protomonadina und Polymastigina vereinigt.

Ordnung: Chrysomonadina. 1 oder 2 am Vorderende entspringende Geißeln. Chromatophoren, wenn vorhanden, gelb oder braun. Stigmen kommen nicht regelmäßig vor. Reservestoff Leukosin. Besonders kennzeichnend, auch für die Zugehörigkeit farbloser Vertreter, die kugelige Zyste, deren verkieselte Hülle einen Mündungstrichter aufweist, der durch einen Pfropf verschlossen ist.

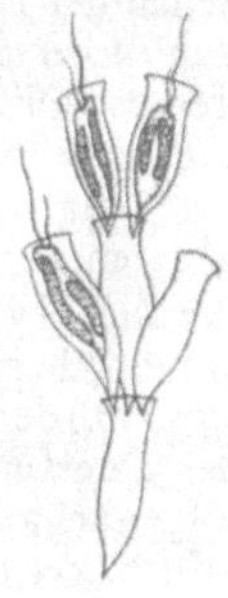
Abb. 42. *Dinobryon*

Eingeißelig *Chromulina*, oft durch massenhaftes Auftreten die Oberfläche von Tümpeln braun färbend, und *Oicomonas*, farblos. Mit 2 ungleich langen Geißeln *Ochromonas* und die farblose *Monas;* gehäusebildend, oft zu Kolonien vereinigt, im Süßwasserplankton häufig *Dinobryon* (Abb. 42); mit stacheliger Hülle, kugelige Kolonien bildend *Synura uvella.* Manche Vertreter (Familie Rhizochrysidae) geißellos und mit Pseudopodien versehen. Im Meeresplankton verbreitet die artenreiche Familie Coccolithophoridae, zweigeißelig, mit einer aus zahlreichen, regelmäßig gestalteten Kalkgebilden (Coccolithen) zusammengesetzten Schale.

Abb. 43. *Cryptomonas*

Ordnung: Cryptomonadina. Seitlich abgeflacht, mit schlundartiger Einsenkung, deren Wandung mit Trichocysten versehen ist. Am Schlundrand entspringen 2 Geißeln. Stigma manchmal vorhanden. Reservestoff Stärke. *Cryptomonas* (Abb. 43) mit oliv- oder blaugrünen Chromatophoren, *Chilomonas* farblos; *Chrysidella* symbiotisch in Foraminiferen und Radiolarien (Zooxanthellen).

Ordnung: Dinoflagellata. 2 Geißeln, nebeneinander seitlich am Körper entspringend, die eine in einer Querfurche gürtelförmig um den Körper gelegt, die andere in einer Längsfurche als Schleppgeißel nach hinten gerichtet.

Chromatophoren meist zahlreiche gelbe oder braune Scheibchen, Tiefseeformen und meiste Parasiten farblos. Besonders formenreich im Meeresplankton, im Süßwasser artenärmer.

Familie Dinophysidae. Mit einem aus 2 Klappen bestehenden Panzer, der mit leistenförmigen Erhebungen die weit vorn gelegene Querfurche und die Längsfurche begrenzt. Die Flügelleisten, besonders der linke Flügel der Längsfurche, vielfach zu umfangreichen Schwebeeinrichtungen gestaltet. Marin, fast ausschließlich in Warmwassergebieten.

Familie Gymnodinidae. Nackt oder mit sehr dünner einheitlicher Zellulosemembran. *Amphidinium* mit nahe dem Vorderende gelegener, *Gymnodinium* mit äquatorialer Querfurche, zahlreiche Arten im Meer und Süßwasser. Folgende ausschließlich marin: *Polykrikos,* Kolonialindividuen, kettenartige Zusammenfügung von 2, 4 oder 8 Gymnodinien zu einem einheitlichen Zellkörper. *Pouchetia* mit hochdifferenziertem ocellusartigen Stigma. — *Noctiluca miliaris,* hauptsächlicher Erreger des Meeresleuchtens, bis zu 1 mm große Gallertkugel, von Cytoplasmasträngen durchzogen. Eine Einkerbung mit rudimentärer Geißel entspricht wohl der Längsfurche; an deren Ende ein langer quergestreifter Tentakel. Vermehrung durch Zweiteilung und multiple Teilung. Die aus letzterer hervorgehenden, Gymnodinien-ähnlichen, aber nur mit Längsgeißel versehenen Schwärmer sind Gameten. — *Leptodiscus medusoides,* scheibenförmig, 1 mm groß, mit einer rudimentären Geißel, bewegt sich nach Medusenart, Mittelmeer.

Unterfamilie Gymnosclerotinae (z. B. Gattung *Gymnaster)* mit einer von zahlreichen Poren durchbohrten Zentralkapsel und Skelettbildungen; werden als Übergangsformen zu Radiolarien angesehen.

In der Unterfamilie Blastodininae sind zahlreiche Ekto- und Entoparasiten, hauptsächlich von Planktonorganismen des Meeres, vereinigt. An oder in ihren Wirten wachsen sie geißellos zu beträchtlicher Größe heran; nur die durch Zerfallsteilung entstehenden und in die Außenwelt gelangenden Schwärmer vom Aussehen der Gymnodinien (Dinosporen) lassen die Verwandtschaftsbeziehung erkennen. *Oodinium*, ektoparasitisch an vielerlei Planktonten, kugelig oder birnförmig, mit wurzelartigen Plasmafortsätzen im Wirtskörper verankert. *Blastodinium*, im Darm von Copepoden, meist einzeln in Form von länglichen Zysten, die vorn breit gerundet, hinten zugespitzt sind. *Syndinium* in der Leibeshöhle von Copepoden. *Haplozoon*, in Polychäten an der Darmwand festgeheftet; aus den Teilungen gehen ein- oder mehrreihige Zellketten hervor. *Merodinium* u. a. intracellular in Radiolarien; die freiwerdenden Dinosporen sind vielfach mit Radiolarienschwärmern verwechselt worden.

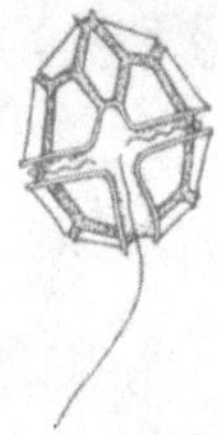

Abb. 44. *Peridinium*

Familie Peridinidae. Mit einem aus Platten zusammengesetzten Panzer (Abb. 44), bilden einen Hauptbestandteil des Süßwasser- und Meeresplanktons. *Glenodinium*, mit dünner Hülle und undeutlicher Abgrenzung der Platten, Gymnodinien-ähnlich (*G. cinctum*, Abb. 14, mit großem Stigma, im Süßwasser häufig). *Peridinium* von gedrungener Gestalt. *Ceratium* mit hornartigen Fortsätzen.

Abb. 45. *Euglena sanguinea* mit Hämatochrom-Körnchen; Stigma dem Geißelsäckchen ansitzend

Ordnung: Euglenoidina. 1 oder 2 Geißeln entspringen am Grunde eines Geißelsäckchens, einer kanalartigen, in der Tiefe erweiterten Einsenkung am Vorderende (Abb. 29). Vorwiegend im Süßwasser.

Familie Euglenidae. Mit grünen Chromatophoren und Stigma. Reservestoff Paramylum. Zweigeißelig ist *Eutreptia*. Bei der artenreichen Gattung *Euglena* ist die Geißel an der Wurzel gespalten (Abb. 29); Chromatophoren an Zahl und Gestalt bei den Arten verschieden; *E. viridis*, spindelförmig mit bandförmigen Chromatophoren, verschmutztes Wasser häufig grün färbend; *E. sanguinea* (Abb. 45) in stickstoffarmem Wasser durch Hämatochrom (S. 34) rot gefärbt. *Astasia,* von *Euglena* durch Fehlen des Chlorophylls und meist auch des Stigmas unterschieden; manche Arten können als Gelegenheitsparasiten im Darm von Rädertieren, Strudelwürmern und Copepoden stark heranwachsen, vermehren sich aber nur im Freien. *Phacus,* von breiter abgeplatteter Gestalt, meist mit Endstachel. *Trachelomonas* in Gehäuse mit flaschenhalsförmiger Öffnung, aus der die Geißel herausragt.

Abb. 46. *Chlamydomonas*

Familie Peranemidae. Farblos, Geißelsäckchen als Zellschlund gestaltet, der von 3 Stäbchen gestützt ist. Ernährung durch Mikroorganismen. *Peranema,* mit einer nach vorn gerichteten, langsam beweglichen Geißel und einer Schleppgeißel; Bewegung kriechend. *Urceolus,* eingeißelig, mit trichterförmig erweitertem Schlund.

Ordnung: Phytomonadina. Radiärsymmetrisch, in cellulosehaltiger, manchmal gallertig verdickter Hülle, aus welcher vorn meist 2 gleichlange Geißeln hervortreten (Abb. 46). Becherförmiges grünes Chromatophor. Stigma häufig vorhanden. Reservestoff Stärke. Auftreten geschlechtlicher Vorgänge allgemein verbreitet (S. 71). Bilden die Ursprungsformen der Chlorophyceen (Grünalgen), doch ist in einigen farblosen Vertretern auch eine Entwicklung in der Richtung des Tierreiches angebahnt.

Abb. 47. *Phytomonas tirucalli*

Familie Chlamydomonadidae. Individuen einzeln lebend. *Chlamydomonas* (Abb. 46) mit wenig abstehender Hülle, zahlreiche Arten, durch massenhaftes Auftreten Grünfärbung von Tümpeln und Lachen verursachend; *Ch. nivalis* bewirkt durch Hämatochromgehalt Rotfärbung auf alpinen Schneefeldern. *Poly-*

toma von der vorigen durch Fehlen des Chlorophylls unterschieden. *Haematococcus* (Abb. 10) mit dicker gallertiger Hülle, die von feinen Cytoplasmasträngen und 2 Röhren für die Geißeln durchzogen ist; frische Wasseransammlungen rot färbend (S. 34). Familie Volvocidae, von einer Gallerthülle umschlossene Kolonien bildend, nur im Süßwasser. *Gonium*, tafelförmige Kolonien aus 4 *(G. sociale)* oder 16 Individuen *(G. pectorale)*. *Pandorina*, kugelige Kolonien aus 16 dicht zusammenliegenden Individuen. *Eudorina*, Kolonien aus 32 in Abständen gelagerten Individuen. *Volvox*, große Gallertkugeln, in deren Peripherie hunderte *(V. aureus)* oder tausende *(V. globator)* von Einzelzellen liegen, die durch feine Plasmastränge verbunden und von denen nur wenige, durch Größe hervortretende fortpflanzungsfähig sind (vgl. S. 68).

Ordnung: Protomonadina. Vereinigt in sich rein heterotrophe Flagellaten, die keine Beziehungen mehr zu chlorophyllführenden Formen, von denen sie vermutlich ursprünglich herstammen, erkennen lassen. Die zahlreichen Familien, offenbar verschiedenen Ursprungs, weisen keine verwandtschaftlichen Züge mit einander auf. Die wichtigsten sind folgende:

Familie Cercomonadidae. Ein- oder mehrgeißelig und amöboid beweglich. Gemeinsames Merkmal Verbindung des Basalkorns der Geißeln mit der Kernmembran durch einen Fibrillenkegel. Aufnahme geformter Nahrung durch Pseudopodien. Bewohner fauliger Flüssigkeiten, einige Darmparasiten. *Cercomonas* mit einer Schwimmgeißel und einer basal mit der Körperoberfläche verklebten Schleppgeißel; *C. longicauda* häufig in Kotaufschwemmungen; *C. bistadialis* kann bei reichlicher Ernährung unter Geißelverlust völlig zur Amöbe werden; *C. equi* im Pferdedarm und auch im Kot entwicklungsfähig. *Enteromonas hominis* mit 3 Vordergeißeln und einer am Körper haftenden Schleppgeißel, seltener Darmparasit des Menschen. *Mastigamoeba* mit einer Schwimmgeißel und fingerförmigen Pseudopodien.

Familie Craspedomonadidae. Mit einer von einem Plasmakragen umfaßten Geißel; in zarter gestielter Hülle *(Codonosiga)* oder abstehendem Gehäuse *(Salpingoeca*, Abb. 22), Bakterienfresser (S. 36), im Süßwasser, an Pflanzen oder Tieren festsitzend.

Familie Trypanosomidae. Schlanke, vielfach schraubig gedrehte Formen mit einer Geißel, an deren Basis ein rundes oder stäbchenförmiges Stoffwechselorganell (Blepharoplast). Parasiten.

Blepharoplast und Geißelbasis nahe dem Vorderende: *Leptomonas*, Darmparasiten von Insekten; *L. ctenocephali* im Hundefloh, *L. fasciculata* in Stechmücken. *Phytomonas*, wirtwechselnd zwischen Pflanzensäfte saugenden Wanzen und Milchsaft führenden Pflanzen (hauptsächlich Euphorbiaceen, Wolfsmilchgewächse) der warmen Länder; *Ph. tirucalli* (Abb. 47) in Euphorbia tirucalli, Ostafrika. *Leishmania*, wirtwechselnd zwischen Mücken der Gattung *Phlebotomus* und Wirbeltieren, im Wirbeltier intracellular in Phagocyten als geißellose runde Körperchen; Erreger der Leishmaniasen des Menschen: *L. donovani* Kala-Azar, *L. tropica* Orientbeule, *L. brasiliensis* südamerikanische Hautleishmaniase.

Blepharoplast neben dem Kern, Geißel seitlich frei werdend und durch undulierende Membran mit dem Körper verbunden: *Crithidia*, Darmparasiten von Insekten, Ursprungsformen von Trypanosomen.

Blepharoplast hinter dem Kern, meist nahe dem Hinterende des Körpers, Geißel bildet lange undulierende Membran: *Trypanosoma*, Blutparasiten der Wirbeltiere aller Klassen, meist wirtwechselnd, im wirbellosen Wirt die Crithidiaform annehmend. Überträger der Trypanosomen von Fischen und Amphibien (*T. rotatorium* des Gras- und Wasserfrosches) sind Egel, der Reptilien, Vögel und Säugetiere Insekten: *T. lewisi* in Ratte und Rattenfloh, *T. melophagium* in Schaf und Schaflausfliege. Das in Amerika den Menschen befallende *T. cruzi* (Chagaskrankheit) wird durch Wanzen (Triatomiden) übertragen. Stechfliegen der Gattung *Glossina* (Tsetsefliegen) übertragen den Erreger der

Schlafkrankheit, *T. gambiense* (Abb. 28), und zahlreiche für die Haustiere pathogene Arten in Afrika *(T. brucei, congolense, vivax). T. evansi,* Erreger der Surra der Pferde und Kamele in Nordafrika und Südasien wird durch Bremsen (Tabanidae) mechanisch übertragen, das weltweit verbreitete *T. equiperdum* unmittelbar durch den Deckakt (Beschälseuche der Pferde).

Familie Bodonidae. Mit einer nach vorn gerichteten und einer Schleppgeißel, an deren Ursprungsstelle ein großer Blepharoplast. *Bodo* mit freier Schleppgeißel; *B. caudatus* in jauchigen Flüssigkeiten. *Trypanoplasma,* Schleppgeißel durch undulierende Membran mit dem Körper verbunden, im Blut zahlreicher Süßwasserfische.

Familie Retortamonadidae. Mit stark erweiterter, muldenförmiger Mundöffnung, in der eine Schleppgeißel schwingt; außerdem 1 oder 3 nach vorn gerichtete Geißeln. *Retortamonas* mit einer nach vorn gerichteten Geißel; *R. intestinalis* seltener Darmparasit des Menschen. *Chilomastix* mit 3 Vordergeißeln; *Ch. mesnili* häufig im menschlichen Dickdarm.

Familie Tetramitidae. In jauchiger Flüssigkeit als Flagellaten und als Amöben auftretend und in beiden Phasen vermehrungsfähig. Gemeinsames Kennzeichen die Eigenart des Kernteilungsvorganges (S. 58, Abb. 26). *Tetramitus,* vorwiegend als viergeißeliges Flagellat mit großem Cytostom, bei stärkerer Salzkonzentration unter Verlust von Geißeln und Zellmund Verwandlung in Amöbe; *T. rostratus. Naegleria (N. gruberi),* Amöbenstadium überwiegend, als Flagellat zweigeißelig. *Vahlkampfia,* nur als Amöbe bekannt; *V. limax* in Heuaufgüssen häufig.

Familie Distomatidae. Doppelindividuen mit symmetrischen Körperhälften, die als 2 längsseits verschmolzene Individuen erscheinen, daher 2 Kerne, 2 Geißelgruppen sowie bei freilebenden Vertretern und auch manchen Parasiten 2 Mundspalten. Die Geißelgruppen bestehen meist aus je 3 Vordergeißeln und 1 Schleppgeißel. *Hexamita inflata,* mit 2 Mundspalten, aus denen die Schleppgeißeln hervortreten, in verschmutztem Wasser. *Octomitus muris,* ohne Mundspalten, im Dünndarm von Ratten und Mäusen. *Lamblia,* Vorderteil des stark verbreiterten Körpers auf der Bauchseite mit großem, zur Anheftung an der Darmwand der Wirte dienendem Saugnapf, durch den die Vordergeißeln nach verschiedenen Richtungen von ihrer Ursprungsstelle abgedrängt sind (Abb. 5); Dünndarmparasiten, hauptsächlich bei Säugetieren; *L. intestinalis* beim Menschen, *L. muris* in Ratten und Mäusen.

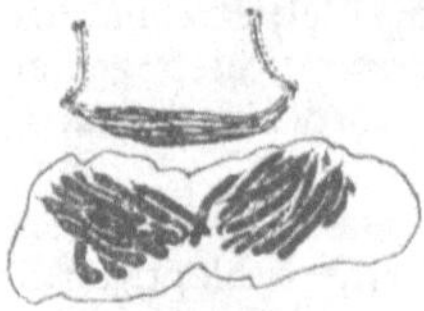

Abb. 48. Kernteilungsstadium von *Trichonympha.* Nach Cleveland

Ordnung: Polymastigina. Darmparasitische Flagellaten mit wenigstens 4, vielfach sehr zahlreichen Geißeln. Die Verwandtschaft der hier vereinigten Formen kommt zum Ausdruck in dem besonderen Kernteilungsmodus mit Bildung einer extranuclearen Teilungsfigur des Centrosoms (Abb. 48, vgl. S. 57). Hochgradig differenzierte Vertreter treten als lebenswichtige Symbionten der holzfressenden Termiten und auch als Parasiten einiger Blattarien auf.

Familie Trichomonadidae. Zeigt den Grundtypus der Organisation, 4—6 Geißeln, darunter eine Schleppgeißel, und einen den Körper der Länge nach durchziehenden Achsenstab (Abb. 15). *Monocercomonas,* 3 Vordergeißeln, Schleppgeißel frei; *M. colubrorum* in Eidechsen und Schlangen verbreitet. *Trichomonas,* 3—5 Vordergeißeln, Schleppgeißel durch undulierende Membran mit einer Basalfibrille an der Körperoberfläche verbunden. Sehr zahlreiche Arten, hauptsächlich in Wirbeltieren; beim Menschen mehrere Arten im Dickdarm, *T. tenax* im Munde, *T. vaginalis* (Abb. 15) in der Scheide. *T. muris* u. a. Arten im Blinddarm von Ratten und Mäusen. Krankheitserreger sind: *T. foetus* in den Geschlechtsorganen des Rindes, Aborte verursachend, und *T. gallinae,* in Mundhöhle und Kropf zahlreicher Vögel, bei jungen Vögeln, besonders Tauben, durch Eindringen in die Gewebe und Verschleppung in Leber und andere Organe zu tödlichen Erkrankungen führend.

Familie Pyrsonymphidae. 4 nach hinten gerichtete, der Körperoberfläche angeheftete Geißeln und ein Achsenstab; in Termiten *(Pyrsonympha vertens* in dem südeuropäischen *Reticulotermes lucifugus)* und in der Schabe *Cryptocercus,* die den ausgestorbenen Blattiden nahesteht, von denen die Termiten abzuleiten sind; *Oxymonas* mit Rüssel u. a. Bei den Symbionten von *Cryptocercus* tritt zur Zeit der Häutung des Wirtes Kopulation auf.

Familie Calonymphidae. Kolonialindividuen, zusammengesetzt aus zahlreichen Individuen vom Typus *Monocercomonas,* daher zahlreiche Kerne, Geißelapparate und Achsenstäbe. In Termiten. *Calonympha grassii* (Abb. 33).

Familie Hypermastigidae. Sehr mannigfaltig gestaltete Formen mit einem Kern und sehr zahlreichen Geißeln; Achsenstäbe zahlreich oder ganz fehlend. In Termiten und einigen Blattarien; größte Formenfülle in *Cryptocercus,* bei dessen Symbionten auch Geschlechtsvorgänge auftreten. *Lophomonas,* Geißeln gürtelfömig nur am Vorderende sitzend, Achsenstäbe hinter dem Kern zu einheitlichem Stiel vereinigt; *L. blattarum,* kugelig, *L. striata* spindelförmig, längsgestreift, in der Schabe *Blatta orientalis. Holomastigotes elongatus,* Geißeln in Spiralen den Körper bis zum Hinterende bedeckend, *Trichonympha agilis,* mit einem aus Kappe und Tubus bestehenden Kopforganell, nur vordere Körperhälfte dicht mit Geißeln bedeckt; beide in *Reticulotermes lucifugus. Trichonympha*-Arten außer in zahlreichen Termiten auch in *Cryptocercus.*

2. Klasse: *Rhizopoda,* Wurzelfüßler.

Mit Pseudopodien, Cytoplasmafortsätzen verschiedener Gestalt, zur Bewegung und Nahrungsaufnahme versehen.

Ordnung: Amoebina, Amöben. Nackt, von unregelmäßiger Gestalt, Süßwasserformen mit meist 1, selten mehreren pulsierenden Vakuolen, marine in der Regel, parasitische stets ohne solche.

Hartmannella, kleine Amöben mit großem, stark färbbarem Binnenkörper in dem bläschenförmigen Kern; in fauligen Flüssigkeiten; *H. polyphagus* mit zahlreichen fingerförmigen Pseudopodien, häufiger Kotbewohner; *H. hyalina* in feuchter Erde. *Amoeba proteus* (Abb. 1), bis 500 μ groß, am Grunde von Teichen und Tümpeln häufig; *A. vespertilio,* 200—300 μ, mit kurzen, konisch zugespitzten Pseudopodien, in Sumpf- und Moorwasser; *A. terricola,* mit dicker Pellikula, ohne Pseudopodienbildung, in Moos und feuchter Erde. *Pelomyxa palustris,* vielkernig, größte Amöbe (1—2 mm), im Faulschlamm.

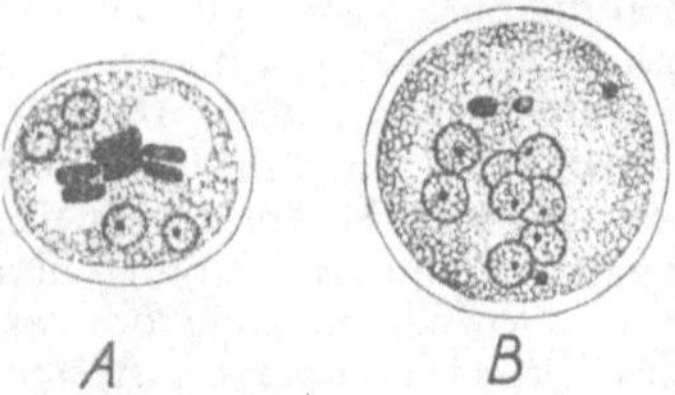

Abb. 49. Reife Zyste von *Entamoeba histolytica* (A) und *E. coli* (B)

Parasiten vom *Hartmannella*-Typus *Jodamoeba* mit einkerniger, *Endolimax* mit vierkerniger Zyste (*J. bütschlii* und *E. nana* im menschlichen Dickdarm). Seltener beim Menschen *Dientamoeba fragilis,* Kernteilung während des Wachstums, und zwar nach dem Typus der Polymastigina (S. 57); vermutlich ein amöboid gewordenes Flagellat. Verbreitetste parasitische Gattung *Entamoeba;* beim Menschen im Dickdarm *E. histolytica* mit vierkerniger Zyste (Abb. 49 A), verursacht Amöbenruhr und Leberabszeß (S. 88), und *E. coli* mit achtkerniger Zyste (Abb. 49 B); im Munde, im Zahlbelag häufig, *E. gingivalis. E. muris* mit achtkerniger Zyste in Ratten und Mäusen. Der *E. histolytica* ähnlich die in Schlangen pathogene *E. invadens* und die bei Amphibien verbreitete *E. ranarum.*

Ordnung: Testacea. Amöben mit einkammerigem Gehäuse, das mit einer großen Mündungsöffnung versehen ist, aus der die Pseudopodien hervortreten. Vermehrung durch Zweiteilung, wobei das eine Tochtertier eine neue Schale bildet. Fast ausschließlich im Süßwasserschlamm und in Moospolstern.

Mit Lobopodien (S. 23): *Arcella,* rein organische Schale, unten weit eingebogen, mit zentraler Öffnung; *A. vulgaris,* zweikernig (Abb. 11); *A. polypora* mit zahlreichen Kernen. *Difflugia*, Schale aus Fremdkörpern zusammengesetzt; größte Art *D. pyriformis* (Abb. 50), bis 500 μ Schalenlänge. *Nebela*, Schale seitlich abgeplattet, aus verschieden geformten Kieselplättchen mosaikartig zusammengesetzt; *N. collaris* in Torfwässern.

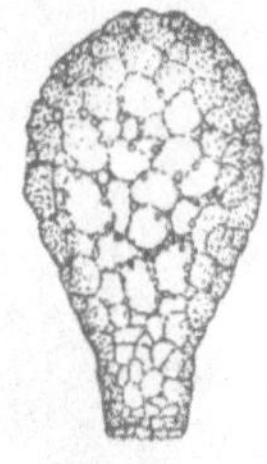

Abb. 50. *Difflugia pyriformis*

Mit Filopodien (S. 23): *Euglypha*, Schale aus ovalen Kieselplättchen, die sich an den Rändern überdecken, zuweilen mit Stacheln; *E. alveolata* (Abb. 51). *Chlamydophrys stercorea* mit dünner, strukturloser Schale, Filopodien verzweigt, in fauligen Flüssigkeiten. Ordnung: Foraminifera. Beschalte, mit Rhizopodien versehene, marine Formen. Bei den primitiveren Vertretern Schale aus verkitteten Fremdkörpern (Sandkörnern) und ungekammert. Die typischen Formen mit gekammerter perforater oder imperforater Kalkschale (S. 18). Entwicklung gewöhnlich ein Generationswechsel, der in einem Dimorphismus der Gehäuse zum Ausdruck kommt (S. 82, Abb. 34). Ungeheure Formenmannigfaltigkeit, auch fossil; haben infolge der guten Erhaltungsfähigkeit der Gehäuse zum Aufbau mächtiger Gesteinsschichten (Kreide, Grünsandstein, Nummulitenkalk) beigetragen. Nur einige typische Formen seien erwähnt:

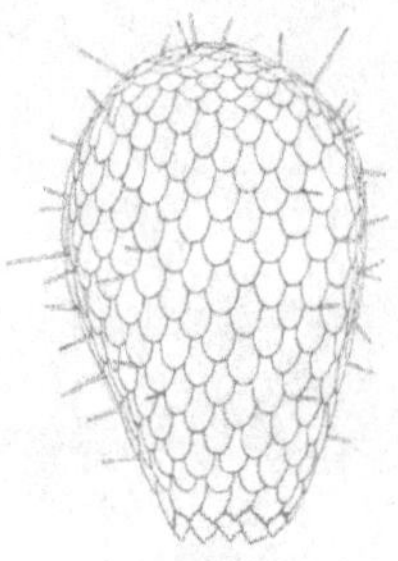

Abb. 51. *Euglypha alveolata*

Ammodiscus in spiral aufgerollter, ungekammerter Sandröhre. *Patellina* mit kegelförmiger Kalkschale. *Nodosaria*, sehr fein perforierte Kalkschalen, deren Kammern perlschnurartig aneinandergereiht sind (Abb. 52B); bei *Lagena* trennen sich die neuen Kammern gleich nach ihrer Entstehung ab, erscheint daher einkammerig. *Textularia*, Kammern alternierend zweizeilig angeordnet (Abb. 52A). *Biloculina*, neue Kammern um-

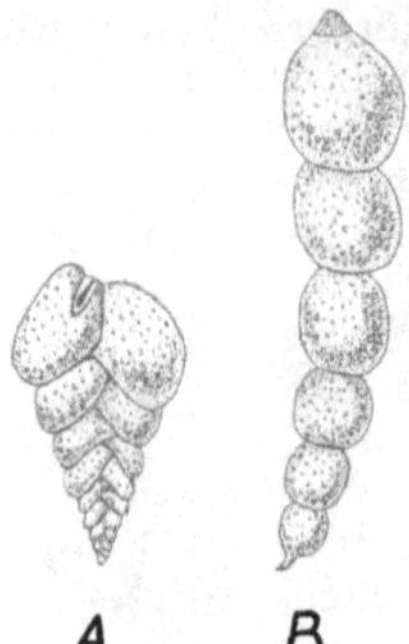

Abb. 52.
A *Textularia*, B *Nodosaria*

fassen die früheren so weit, daß äußerlich immer nur die beiden letzten sichtbar sind (Abb. 34). Schneckenförmig gewundene perforierte Schalen haben *Rotalia* (Abb. 12), *Globigerina* mit langen Schwebstacheln und *Nummulites,* dieser hauptsächlich fossil mit Arten von mehreren Zentimetern Größe.

Ordnung: Heliozoa, Sonnentierchen. Kugelig, mit allseitig ausstrahlenden Axopodien (S. 24), deren Achsenfäden sich in das Körperinnere fortsetzen. Vermehrung durch Zweiteilung. Bei 2 Vertretern Autogamie (S. 78, Abb. 39). Überwiegend im Süßwasser.

Unterordnung: Actinophrydia. Ohne Zentralkorn, mit nackter Oberfläche. *Actinophrys sol,* einkernig; *Actinosphaerium eichhorni* (Abb. 2), vielkernig, bis 1 mm groß.

Unterordnung: Centrohelidia. Achsenfäden der Axopodien entspringen von einem Zentralkorn, Gallerthülle, häufig mit kieseligen Elementen. *Raphidiophrys,* Hülle mit tangential gelagerten Kieselplättchen, *Acanthocystis* mit radiären Kieselnadeln.

Ordnung: Radiolaria. Mit Zentralkapsel und meist mit Skelettbildungen aus Kieselsäure (ausgenommen Acantharia,

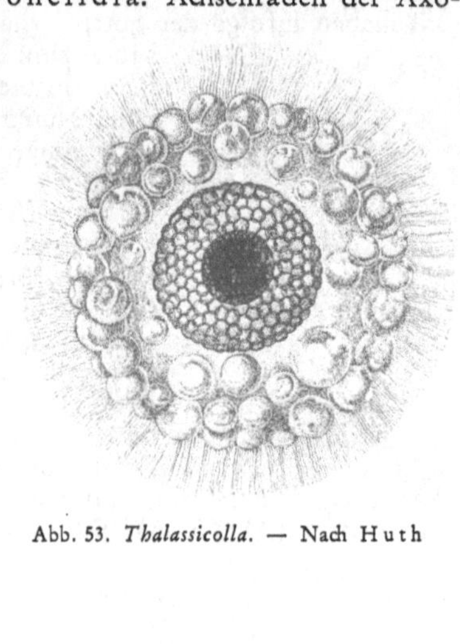

Abb. 53. *Thalassicolla.* — Nach Huth

S. 15); Rhizopodien und Axopodien; im Cytoplasma meist Zooxanthellen. Manche vermehren sich durch Zweiteilung; verbreiteter ist Bildung zweigeißeliger Schwärmer durch multiple Teilung (S. 70). Im Meeresplankton.

Unterordnung: Acantharia. Von den übrigen Radiolarien stark abweichend. Zentralkapsel nur in Form einer plasmatischen Scheidewand, die von den radiären Skelettnadeln durchbohrt wird. Die im Mittelpunkt zusammenstoßenden Nadeln sind mit Myophrisken (S. 32) versehen und können noch durch Gitterkugeln verbunden sein. *Acanthometra elastica* (Abb. 8), *Dorataspis loricata* (Abb. 9).

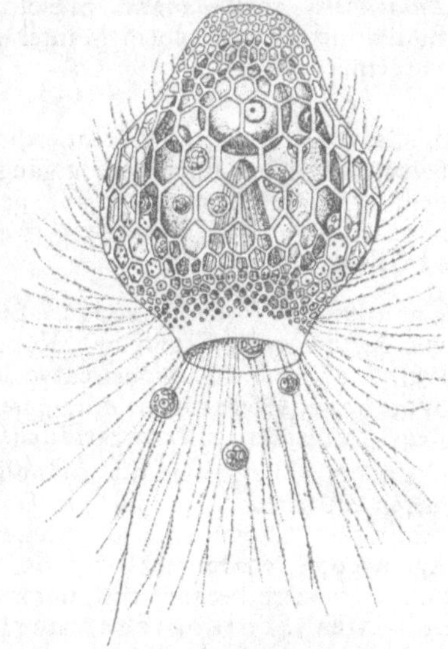

Abb. 54. *Cyrtocalpis urceolus.* — Nach Haeckel

Unterordnung: Spumellaria. Kräftige kugelige Zentralkapsel mit zahlreichen Poren. Skelett häufig fehlend; *Thalassicolla nucleata* (Abb. 53). Koloniebildende Formen mit zahlreichen Zentralkapseln in gemeinsamem extrakapsulären Cytoplasma: *Collozoum* ohne, *Sphaerozoum* mit Skelettnadeln.

Unterordnung: Nassellaria. Zentralkapsel mit einer großen Öffnung, die durch einen porösen, nach innen gestülpten Kegel verschlossen ist. Skelett aus soliden Elementen sehr mannigfaltig gestaltet. *Cyrtocalpis urceolus* (Abb. 54).

Unterordnung: Phaeodaria. Kennzeichen das Phaeodium, eine extrakapsulär gelagerte granulierte braune Masse von ungeklärter Bedeutung im Stoffwechsel. Zentralkapsel mit mehreren Öffnungen, meist 1 Haupt- und 2 Nebenöffnungen. Skelett aus hohlen Kieselelementen. *Aulacantha scolymantha,* Skelett zusammengesetzt aus Radialstacheln und einem Mantel von feinen Tangentialstacheln.

3. Klasse: *Sporozoa,* Sporentierchen. Parasitische Protozoen, in deren Entwicklungsgang Sporen gebildet werden, die der Übertragung auf neue Wirte dienen. Die hier vereinigten Unterklassen weisen keine verwandtschaftlichen Züge auf.

Unterklasse: Telosporidia. Entwicklung eine Folge von Agamogonie, Gamogonie, Kopulation und Sporogonie (vgl. S. 83, Abb. 35), wobei entweder die Zygote ganz zur Spore wird (Gregarinida) oder eine Oozyste ist, die in der Regel in mehrere Sporen zerfällt (Coccidia).

Ordnung: Gregarinida. Männliche und weibliche Gameten entstehen durch multiple Teilung der in einer Zyste vereinigten Gamonten. Je nachdem der Gamogonie eine Agamogonie voraufgeht oder der Sporozoit unmittelbar zum Gamonten heranwächst, unterscheidet man die Unterordnungen Schizogregarinaria (z. B. *Caulleryella* in Larven von *Culex, Anopheles* und anderen Dipteren) und Eugregarinaria. Die letzteren, ungemein verbreitete Parasiten wirbelloser Tiere, zerfallen in Cephalina und Acephalina. Bei den Cephalina ist der Körper durch ein Septum in Protomerit und Deutomerit getrennt, letzterer den Kern enthaltend, und am Vorderende ist eine Hafteinrichtung (Epimerit, S. 20) vorhanden; sie sind Darmparasiten von Arthropoden *(Gregarina polymorpha* und andere Arten im Mehlwurm, *Actinocephalus dujardini* [Abb. 13] in *Lithobius forficatus).* Die Acephalina, mit ungegliedertem Körper, bewohnen meist andere Organe als den Darm; die zahlreichsten Vertreter (darunter Gattung *Monocystis)* in den Samenblasen von Oligochäten.

Ordnung: Coccidia. Der männliche Gamont (Mikrogametocyt) zerfällt in zahlreiche Mikrogameten, der weibliche wird unmittelbar zum Makrogameten (Oogamie, S. 71). Die Agamogonie fehlt nur in seltenen Fällen (bei *Eucoccidium dinophili* Grell). Intracellulare Parasiten, hauptsächlich des Darms, bei Wirbellosen und Wirbeltieren.

Unterordnung: Adeleidea. Der Mikrogametocyt vereinigt sich mit dem Makrogameten und bildet nur 2 oder 4 Mikrogameten. Typus *Adelea ovata* in *Lithobius forficatus*, zahlreiche Sporen mit je 2 Sporozoiten in der Oozyste. Wirtwechselnde Vertreter: *Haemogregarina stepanowi*, Agamogonie und Gamogonie in den Blutkörperchen von *Emys orbicularis* (Sumpfschildkröte), Befruchtung und Sporogonie in dem Rüsselegel *Placobdella catenigera. Karyolysus*, zahlreiche Arten, Blutparasiten von Eidechsen, übertragen durch die Milbe *Liponyssus saurarum.*

Unterordnung: Eimeridea. Mikrogametocyt entwickelt sich getrennt vom Makrogameten und bildet zahlreiche Mikrogameten. Nach der Anzahl der Sporen und Sporozoiten in der Oozyste werden die Gattungen unterschieden.

Umfangreichste Gattung *Eimeria*, Oozyste mit 4 Sporen, jede mit 2 Sporozoiten. *E. schubergi* (Abb. 35), die Art, bei der zuerst die Entwicklung aufgeklärt wurde, in *Lithobius*. Hauptsächlich in Wirbeltieren aller Klassen, viele Krankheitserreger (S. 87) bei Haustieren (Rind, Schaf, Ziege, Schwein, Kaninchen, Hausgeflügel); nicht im Darm, sondern in den Gallengängen der Leber sitzt *E. stiedae* des Kaninchens; *E. gadi* in der Schwimmblase von Schellfischen und Verwandten. *Isospora*, Oozyste mit 2 Sporen, jede mit 4 Sporozoiten; mehrere Arten in Hund und Katze, für Jungtiere pathogen, *I. lacazei* in Singvögeln, desgleichen. *I. belli* seltener Darmparasit des Menschen. Durch Wirtswechsel bemerkenswert ist *Aggregata;* Agamogonie in Krabben (Brachyuren), die von Tintenfischen *(Sepia* und *Octopus)* gefressen werden, in deren Darm Mikrogametenbildung, Befruchtung und Sporogonie erfolgt; durch Fressen des sporenhaltigen Kotes infizieren sich die Krabben.

Unterordnung: Haemosporidia. Wirtwechselnd, Blutparasiten von Säugetieren, Vögeln und Reptilien, übertragen durch blutsaugende Dipteren. Im Wirbeltier Agamogonie, im Darm des Insekts Mikrogametenbildung und Befruchtung. Zygote wandert als beweglicher Ookinet in die Darmwand und wird zur Oozyste. In dieser entstehen ohne Sporenbildung unmittelbar zahlreiche Sporozoiten, die sich in den Speicheldrüsen ansammeln und durch den Stich übertragen werden.

Familie Haemoproteidae. Agamogonie in Phagocyten oder Organzellen, nur Makrogameten und männliche Gamonten (Mikrogametocyten) in Blutzellen. *Leucocytozoon,* Geschlechtsformen in Lymphocyten, sehr verbreitete Vogelparasiten, Überträger *Simulium*-Arten. *Haemoproteus,* Geschlechtsformen in Erythrocyten, außer in zahlreichen Vögeln auch in Reptilien der warmen Länder; Überträger Lausfliegen der Gattung *Lynchia.* Verwandte Parasiten auch in Säugetieren (Fledermäusen und Affen).

Familie Plasmodidae. Agamogonie nur zu Beginn ausschließlich exoerythrocytär, später teilweise auch in den Erythrocyten; Überträger Stechmücken der Familie Culicidae. Bei den zahlreichen *Plasmodium*-Arten in Vögeln (verbreitetste Art *P. praecox* in Singvögeln, übertragen durch *Culex*-Arten) exoerythrocytäre Phase in Phagocyten. Von Säugetieren sind besonders Affenarten und Mensch Wirte von Plasmodien, deren exoerythrocytäre Phase im Leberparenchym auftritt und die von *Anopheles*-Arten übertragen werden. Malariaparasiten des Menschen: *P. vivax* (Tertiana), *P. malariae* (Quartana), *P. falciparum* (Tropica).

Blutkörperparasiten unklarer Verwandtschaft, offenbar keine Sporozoen, sind die Piroplasmen, Krankheitserreger der Haustiere (besonders Rind, Pferd, Schaf, Ziege, Hund), übertragen durch Zecken; *Babesia bigemina* verursacht das Texasfieber, *Theileria parva* das afrikanische Küstenfieber der Rinder.

Unterklasse: Cnidosporidia. Sporen mit nesselkapselartigen Bildungen (Polkapseln).

Ordnung: Myxosporidia. Aus mehreren Zellen bestehende Sporen mit zweiklappiger Schale (vgl. Entwicklung S. 84) und einem Amöboidkeim. Sehr verbreitete Fischparasiten, als amöboide Gebilde in Hohlorganen (Gallenblase, Harnblase) oder in den Geweben verschiedener Organe. Unterscheidung der zahlreichen Gattungen nach dem Sporenbau.

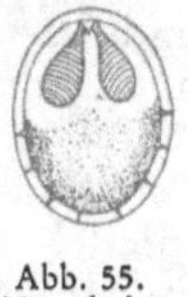

Abb. 55. *Myxobolus pfeifferi*, Spore

2 Polkapseln nebeneinander zeigen die ovalen Sporen von *Myxobolus pfeifferi* (Abb. 55), Muskelparasit der Barbe, Erreger der Beulenkrankheit, und von *Myxosoma cerebrale*, das durch Zerstörung des knorpeligen Skeletts junger Bachsaiblinge die Drehkrankheit hervorruft. Spore mit langem Schwanzanhang *Henneguya; H. psorospermica* in Zystenform an den Kiemen des Hechtes. 4 Polkapseln *Chloromyxum, Ch. leydigi* in der Gallenblase von Haien und Rochen. 2 Polkapseln an entgegengesetzten Polen, Spore spindelförmig, *Myxidium incurvatum* in Gallenblase und Gallengängen zahlreicher Meeresfische; Sporen an den Polen abgestutzt *Sphaeromyxa sabrazesi* (Abb. 41) in der Gallenblase des Seepferdchens.

Ordnung: Actinomyxidia. Spore 3strahlig mit 3 Polkapseln und zahlreichen Amöboidkeimen. Kleine Gruppe, hauptsächlich in Süßwasser-Oligochäten (Tubificiden).

Ordnung: Microsporidia. Einzellige ovale Sporen mit 1 Polkapsel, einzeln oder zu mehreren aus einem Pansporoblasten entstehend. Intracellulare Parasiten von Arthropoden und Fischen.

Nosema, Sporen einzeln; *N. bombycis*, in allen Organen der Seidenraupen, verursacht die Fleckenkrankheit; *N. apis*, in der Darmwand der Honigbiene, bei starkem Befall schädlich. *Glugea*, Sporen zu 2 vereinigt: *G. anomala* im

Stichling. *Thelohania*, Sporen zu 8 vereinigt, in Krebsen und in Insektenlarven. *Plistophora*, zahlreiche Sporen in gemeinsamer Hülle, bei Fischen und Arthropoden; *P. ehrenbaumi* bildet große Geschwülste in der Muskulatur des Seewolfes; *P. schubergi* pathogen für die Raupen des Schwammspinners und des Goldafters.

Unterklasse: Haplosporidia. Wenig umfangreiche Gruppe von Parasiten hauptsächlich in marinen Anneliden und Schnecken sowie in Ascidien; Sporen haben eine Öffnung mit Deckel. *Haplosporidium chitonis* in Käferschnecken.

Unterklasse: Sarcosporidia. Muskelparasiten in Gestalt spindel- oder eiförmiger Gebilde, die von sichelförmigen Sporen erfüllt sind. Infektionsweg und früheste Entwicklungsstadien unbekannt. *Sarcocystis tenella* häufig am Schlund des Schafes, andere Arten bei Pferd, Rind, Schwein; einige Male auch beim Menschen gefunden.

4. Klasse: *Ciliophora,* Wimpertiere. Mit Wimpern als Bewegungsorganellen.

Unterklasse: Protociliata. Die Bezeichnung beruht auf der Annahme, daß diese nur parasitisch in altertümlichen Wirbeltieren vorkommenden Protozoen Reste von Urformen der Ciliaten sind. Zeigen aber von der Bewimperung abgesehen mit den echten Ciliaten nichts Gemeinsames. Einzige Familie Opalinidae, gleichmäßig bewimpert, 2 oder zahlreiche gleichartige Kerne, Fortpflanzung Längsteilung, Geschlechtsvorgang Kopulation. Fast ausschließlich Darmparasiten ungeschwänzter Amphibien. Zweikernig die zylindrische *Protoopalina (P. intestinalis* in Kröten) und die flache *Zelleriella* (in amerikanischen Anuren), vielkernig die zylindrische *Cepedea (C. dimidiata* im Wasserfrosch) und die flache *Opalina (O. ranarum* im Grasfrosch).

Unterklasse: Ciliata. Kennzeichen: Kerndualismus (S. 11), Querteilung, Konjugation (S. 73, Abb. 36). Systematische Einteilung nach Art der Bewimperung.

I. Ordnung: Holotricha. Einfache Wimpern die ganze Oberfläche oder Teile derselben bedeckend, nur Verklebung zum Munde führender Wimpern zu Membranen kommt vor.

Unterordnung: Gymnostomata. Oberflächlich liegender Mund führt in Schlund mit Trichocystenbündel oder Reusenapparat. Mund am Vorderende bei *Didinium* (Abb. 56) mit 2 Wimperkränzen, *Coleps* (Abb. 7) mit Plattenpanzer, *Lacrymaria* (Abb. 21) mit langem kontraktilen Hals, *Actinobolina* (Abb. 23). Bütschliidae, Magen- und Darmparasiten von Huftieren, meist mit Statocyste (S. 54). Mund auf der breiten Ventralseite, Schlund mit Reuse: *Chilodonella; Ch. cyprini* auf Haut und Kiemen von Süßwasserfischen, bei starkem Befall pathogen. Mund am Seitenrand: *Loxodes* mit Statocystenreihe (S. 54), *L. magnus* (Abb. 24) mit zahlreichen Groß- und Kleinkernen.

Abb. 56. *Didinium nasutum*

Unterordnung: Trichostomata. Mund am Grunde einer einfachen oder doppelten Einsenkung (Peristom und Vestibulum), die der Nahrungszufuhr dienenden Wimpern alle einfach. *Colpoda*, nierenförmig, Körperrand vor dem Mundtrichter gekerbt, Vermehrung in Zysten; in fauligem Wasser und Kot. *Paramecium*, breite Furche vom Vorderende bis Körpermitte führt in Vestibulum; *P. caudatum* (Abb. 16), gemeinste Art im Schlamm: *P. bursaria* gewöhnlich mit Zoochlorellen; *P. aurelia* mit 2 Kleinkernen.

Unterordnung: Apostomea. Mit einfacher Mundbewimperung und rosettenförmigem Vestibulum, zeichnen sich durch Wechsel einer freilebenden und einer parasitischen Generation aus. Die freie Form enzystiert sich am Panzer von Krebsen. Wenn diese sich häuten oder sterben, schlüpft das Ciliat, abweichend gestaltet, aus der Zyste und unter den Panzer, ernährt sich von Körpersubstanzen des Wirtes und wächst stark heran. Aus einer schnellen Folge von Zweiteilungen geht wieder die freie Generation hervor. Verbreitetste Gattung *Gymnodinioides; G. inkystans*, als

Zyste an den Kiemenblättern, als Parasit innerhalb der Exuvie von Krabben, im Süßwasser *G. zonatum* bei *Gammarus pulex*.

Unterordnung: Hymenostomata. Zum Munde führende Wimperreihen zu Membranen verklebt. *Frontonia leucas* ohne, *F. vernalis* mit Zoochlorellen, bis 500 μ große Schlammbewohner. *Ichthyophthirius multifiliis*, Hautparasit der Fische, Vermehrung in Zyste durch Folge von Zweiteilungen, Jugendform 45 μ, erwachsene bis 800 μ groß. *Pleuronema* mit breiter segelartiger Membran.

Unterordnung: Thigmotricha. Größtenteils in der Mantelhöhle von Muscheln, mit einem Feld unabhängig schlagender thigmotaktischer Wimpern, welche Festheftung des Körpers bewirken. Weisen zunehmende Grade der Anpassung an den Ektoparasitismus auf. Tribus Stomodea, Mund vorhanden; *Conchophthirus mytili* in der Mantelhöhle von *Mytilus edulis*. Tribus Rhynchodea, Mund rückgebildet, stattdessen ein Saugrüssel mit fädigen Fortsätzen; *Sphenophrya dosiniae*, erwachsen unbewimpert, an den Kiemen zahlreicher Muscheln.

Unterordnung: Astomata. Gleichmäßig bewimperte mundlose Parasiten, vielfach mit Hafteinrichtungen an der Darmwand ihrer Wirte festsitzend. Vermehrung häufig durch terminale Knospung. Am stärksten verbreitet in Anneliden (*Radiophrya hoplites*, Abb. 30, mit hakenförmigem Skelettstück festsitzend, in Oligochäten), einige Arten in Amphibien (*Haptophrya* mit großem Saugnapf).

II. Ordnung: Spirotricha. Mit einer vom Vorderpol zum Munde führenden Zone quergestellter Membranellen (S. 29), gewöhnlich in rechts gewundener Spirale.

Unterordnung: Heterotricha. Außer der adoralen Membranellenzone gleichmäßige Bewimperung gewöhnlich des ganzen Körpers. *Spirostomum*, fadenförmig, sehr kontraktil; *S. ambiguum* 2—3 mm lang, *S. teres* bis 450 μ. *Stentor* (Abb. 18) trichterförmig; *S. polymorphus* meist mit Zoochlorellen, *S. coeruleus* mit bläulichem, *S. igneus* mit rotem Pigment. *Bursaria truncatella*, beutelförmig, mit tief eingesenktem Peristom, bis 1 mm groß. Parasitisch:

Nyctotherus, mit seitlichem tiefen Mundtrichter; *N. ovalis* in *Blatta orientalis, N. cordiformis* in Fröschen und Kröten. *Balantidium coli,* oval mit spaltförmigem Peristom, im Blinddarm des Schweins, gelegentlich auch beim Menschen.

Unterordnung: Oligotricha. Außer der adoralen Zone nur wenige Wimpern. Hauptvertreter *Tintinnidae,* in mannigfaltig gestalteten Gehäusen (Abb. 19); große Formenfülle im Meeresplankton, wenige Arten im Süßwasser.

Abb. 57.
Troglodytella gorillae

Unterordnung: Entodiniomorpha. Darmparasiten von Säugetieren, hauptsächlich Huftieren. Wimpergebilde der adoralen Zone griffelförmig (Cirren, S. 28), ebenso sonst vorhandene Wimperreihen; meist mit Skelettbildungen. Besonders formenreich und massenhaft im Pansen der Wiederkäuer. *Entodinium* nur mit adoraler Zone. *Diplodinium* mit 2. Cirrenreihe am Vorderende. *Ophryoscolex,* 2. Cirrenreihe am Ende des ersten Körperdrittels. Im Blinddarm des Pferdes *Cycloposthium* mit je einer Cirrenreihe dorsal und ventral nahe dem Hinterende. Andere Vertreter bei Tapir, Nashorn, Elefant, Menschenaffen *(Troglodytella gorillae,* Abb. 57, mit 4 Cirrenreihen).

Unterordnung: Ctenostomata. Adorale Zone nur aus 8 Membranellen, ferner einige Gruppen langer Wimpern; am Hinterende oft dornartige Fortsätze *(Epalxis mirabilis).* Sehr kennzeichnende Bewohner des Faulschlammes.

Unterordnung: Hypotricha. Dorsoventral abgeflacht, dorsal nur Tastborsten, ventral außer der adoralen Zone bewegliche Wimpern, die in zunehmendem Grade zu Cirren verklebt sind. *Stylonychia mytilus* (Abb. 17), außer 18 Cirren und 3 Schwanzborsten jederseits eine Reihe einfacher Randwimpern. *Euplotes* ohne Randwimperreihen; *E. crassus* (Abb. 58), marin, *E. patella* Süßwasser. *Aspidisca* Bewimperung nur 7 Stirn- und 5 Aftercirren.

Abb. 58. *Euplotes crassus.* — Nach Kiesselbach

III. Ordnung: Peritricha. Scheibenförmiges Peristomfeld von 2 Wimperstreifen umfaßt, die links gewunden in das Vestibulum führen. Wimpern des äußeren Streifens zu Membran verklebt.

Unterordnung: Mobilia. Mittels Haftscheibe an der Oberfläche von Wassertieren sitzend, aber gleitend beweglich. Am Rande der Haftscheibe ein Wimperkranz. *Trichodina pediculus* auf Süßwasserpolypen; *T. domerguei* auf Haut und Kiemen von Süßwasserfischen, bei starkem Befall pathogen.

Unterordnung: Sessilia. In der Regel festsitzend auf Wasserpflanzen und -tieren, hinterer Wimperkranz tritt nur bei Übergang in die Schwärmform auf. *Epistylis* (Abb. 37) auf verzweigten, nicht kontraktilen Stielen. Stiele mit Muskel (Abb. 20): *Vorticella* einzeln auf kontraktilem Stiel; koloniebildend *Carchesium* mit von einander unabhängigen, *Zoothamnium* mit zusammenhängenden Stielmuskeln. In festsitzendem Gehäuse *Vaginicola* (Abb. 59).

Abb. 59. *Vaginicola*

IV. Ordnung: Chonotricha. Kleine Gruppe nur auf Flohkrebsen (Amphipoden) festsitzender Ciliaten mit Mundtrichter, der im Inneren Wimperreihen trägt; keine weitere Körperbewimperung. Vermehrung durch Knospung. *Spirochona gemmipara* (Abb. 31) auf den Kiemenblättern von *Gammarus pulex*.

V. Ordnung: Suctoria. Erwachsen unbewimpert, festsitzend, mit Tentakeln (S. 40) zur Nahrungsaufnahme. Durch Knospung entstehende Jugendformen mit Wimperkränzen versehene Schwärmer. *Metacineta mystacina* (Abb. 40), in gestieltem Gehäuse, das am Rande 6 Zipfel bildet, an Algen; Vermehrung durch äußere Knospung. *Tokophrya (Abb. 32),* gestielt, ohne Gehäuse, innere Knospung. *Ephelota* (Abb. 38), mit Greif- und Saugtentakeln, marin. *Dendrocometes paradoxus* auf den Kiemenblättern von *Gammarus pulex,* baumförmige Verästelung auf einer Basalplatte.

LITERATURVERZEICHNIS

Doflein-Reichenow, Lehrbuch der Protozoenkunde. 6. Aufl. Gustav Fischer, Jena 1953. (Enthält ausführliche Literaturnachweise. Dort noch nicht verzeichnet.)

Grell, K. G., Der Stand unserer Kenntnisse über den Bau der Protistenkerne. Verh. D. Zoolog. Ges. in Freiburg 1952. Akad. Verlagsges., Leipzig.

Grell, K. G., Entwicklung und Geschlechtsbestimmung von Eucoccidium dinophili. Arch. Protistenk., Bd. 99, S. 156, 1953.

Reichenow, E., Grundriß der Protozoologie für Ärzte und Tierärzte. 3. Aufl. J. A. Barth, Leipzig 1953. (Darstellung der wichtigeren parasitischen Protozoen.)

Zum Bestimmen. Flagellaten:

Pascher, A., Süßwasserflora Deutschlands. Heft 1—4. G. Fischer, Jena.

Peters, N., Peridinea. In Grimpe, Die Tierwelt der Nord- u. Ostsee, Teil II d_2. Akad. Verlagsges., Leipzig 1930.

Rabenhorst, Kryptogamenflora, Bd. 10, 11. Akad. Verlagsges., Leipzig.

Reichenow, E., Parasitische Peridinea. In Grimpe, Teil II d_3, 1930.

Reichenow, E., Parasitische Flagellata. In Grimpe, Teil II e_1, 1931.

Rhizopoden des Süßwassers:

Penard, E., Faune rhizopodique du bassin du Léman. Genf 1902. — Les Héliozoaires d'eau douce, Genf 1904.

Sporozoen der Meerestiere:

Reichenow, E., Sporozoa. In Grimpe, Teil II g, 1932.

Ciliaten:

Jörgensen, E., Tintinnidae. In Grimpe, Teil II c, 1927.

Kahl, A., Suctoria. In Grimpe, Teil II c_5, 1934.

Kahl, A., Wimpertiere oder Ciliata. In Dahl, Die Tierwelt Deutschlands, 1935.

SACHREGISTER

GESAMTVERZEICHNIS

SAMMLUNG GÖSCHEN

DAS WISSEN DER WELT IN KURZEN KLAREN, ALLGEMEINVERSTÄNDLICHEN EINZELDARSTELLUNGEN NACH DEN LEHRPLÄNEN DER DEUTSCHEN UNIVERSITÄTEN UND HOCHSCHULEN AUFGEBAUT

JEDER BAND DM 2,40

DOPPELBAND DM 4,80

STAND JANUAR 1956

WALTER DE GRUYTER & CO.
BERLIN W 35

INHALTSVERZEICHNIS

Geisteswissenschaften

Philosophie

Einführung in die Philosophie von *H. Leisegang.* 2. Auflage. 145 Seiten. 1953. . . . . Bd. 281

Erkenntnistheorie von *G. Kropp.* 1. Teil: Allgemeine Grundlegung. 143 Seiten. 1950 . . . . Bd. 807

Hauptprobleme der Philosophie von *G. Simmel †.* 7., unveränd. Auflage. 177 Seiten. 1950 . . . . Bd. 500

Geschichte der Philosophie

I: Die griechische Philosophie von *W. Capelle.* 1. Teil. Von Thales bis Leukippos. 2., erweiterte Auflage. 135 Seiten. 1953 . . . . Bd. 857

II: Die griechische Philosophie von *W. Capelle.* 2. Teil. Von der Sophistik bis zum Tode Platons. 2., stark erweiterte Auflage. 144 Seiten 1953 . . . . . Bd. 858

III: Die griechische Philosophie von *W. Capelle.* 3. Teil. Vom Tode Platons bis zur Alten Stoa. 2., stark erweiterte Auflage. 132 Seiten. 1954 . . . . . Bd. 859

IV: Die griechische Philosophie von *W. Capelle.* 4. Teil. Von der Alten Stoa bis zum Eklektizismus im 1. Jahrhundert v. Chr. 2., stark erweiterte Auflage. 132 Seiten. 1954 . . . . Bd. 863

V: Die Philosophie des Mittelalters von *J. Koch.* In Vorbereitung . . . . Bd. 826

VI: Von der Renaissance bis Kant von *K. Schilling.* 234 Seiten. 1954 . . . . Bd. 394/394a

VII: Immanuel Kant von *G. Lehmann.* In Vorbereitung. Bd. 536

VIII: Die Philosophie des 19. Jahrhunderts von *G. Lehmann.* 1. Teil. 151 Seiten. 1953 . . . . Bd. 571

IX: Die Philosophie des 19. Jahrhunderts von *G. Lehmann.* 2. Teil. 168 Seiten. 1953 . . . . Bd. 709

X: Die Philosophie im ersten Drittel des 20. Jahrhunderts von *G. Lehmann.* In Vorbereitung . . . . . . Bd. 845

Die geistige Situation der Zeit (1931) von *K. Jaspers.* 3., unveränderter Abdruck der 1932 bearbeiteten 5. Auflage. 211 Seiten. 1953. Zur Zeit nur Ganzleinen DM 4,80 Bd. 1000

Philosophisches Wörterbuch von *M. Apel †.* 4., unveränderte Auflage. 260 Seiten. 1953 . . . . Bd. 1031

Philosophische Anthropologie von *M. Landmann.* 266 Seiten. 1955 . . . . Bd. 156/156a

Pädagogik · Psychologie · Soziologie

Geschichte der Pädagogik von *H. Weimer.* 11., neubearbeitete und vermehrte Auflage. 176 Seiten. 1954 . . . . Bd. 145

Therapeutische Psychologie. Freud — Adler — Jung von *W. M. Kranefeldt.* Mit einer Einführung von *C. G. Jung.* 2. Auflage. 152 Seiten. 1950 . . . . Bd. 1034

Sozialpsychologie von *P. R. Hofstätter.* 1956. In Vorbereitung Bd. 104/104a

Psychologie des Berufs- und Wirtschaftslebens von *W. Moede.* 1956. In Vorbereitung . . . . Bd. 851

Soziologie. Geschichte und Hauptprobleme von *L. von Wiese.* 5. Auflage. 162 Seiten. 1954 . . . . Bd. 101

Industrie- und Betriebssoziologie von *R. Dahrendorf.* 118 Seiten. 1956 . . . . Bd. 103

Religionswissenschaften

Jesus von *M. Dibelius †*. 2. Auflage. Unveränderter Nachdruck. 137 Seiten. 1949 . . . . Bd. 1130

Paulus von *M. Dibelius †*. Nach dem Tode des Verfassers herausgegeben und zu Ende geführt von *W. G. Kümmel*. 2. Auflage. 155 Seiten. 1956 . . . . Bd. 1160

Musik

Musikästhetik von *H. J. Moser*. 180 Seiten. 1953 . . . . Bd. 344

Systematische Modulation von *R. Henried*. 2. Auflage. 136 Seiten. 1950 . . . . Bd. 1094

Der polyphone Satz von *E. Pepping*. 1. Teil: Der cantus-firmus-Satz. 2. Auflage. 223 Seiten. 1950 . . . . Bd. 1148

Harmonielehre von *H. J. Moser*.
I: 109 Seiten. 1954 . . . . Bd. 809

Technik der deutschen Gesangskunst von *H. J. Moser*. Dritte, durchges. u. verbesserte Auflage. 144 Seiten mit 5 Fig. 1954 . . . . Bd. 576/576a

Die Kunst des Dirigierens von *H. W. von Waltershausen †*. 2. Auflage. 138 Seiten. 1954 . . . . Bd. 1147

Die Technik des Klavierspiels aus dem Geiste des musikalischen Kunstwerkes von *K. Schubert †*. 3. Auflage. 110 Seiten. 1954 . . . . Bd. 1045

Die Musik des 19. Jahrhunderts von *W. Oehlmann*. 180 Seiten. 1953 . . . . Bd. 170

Allgemeine Musiklehre von *H. J. Moser*.
2., durchges. Auflage. 155 Seiten. 1955 . . . . . . Bd. 220/220a

Kunst

Stilkunde von *H. Weigert*.
I: Vorzeit, Antike, Mittelalter. 2. Auflage. 136 Seiten. Mit 94 Abbildungen. 1953 . . . . Bd. 80
II: Spätmittelalter und Neuzeit. 2. Auflage. 146 Seiten. Mit 84 Abbildungen. 1953 . . . . Bd. 781

Archäologie von *A. Rumpf*.
I: Einleitung, historischer Überblick. 143 Seiten mit 6 Abbildungen im Text und 12 Tafeln. 1953 . . . . . Bd. 538
II: Die Archäologensprache. Die antiken Reproduktionen. 136 Seiten mit 7 Abbildungen im Text und 12 Tafeln. 1956 . . . . Bd. 539

Geschichte

Einführung in die Geschichtswissenschaft von *P. Kirn*. 2. Auflage. 121 Seiten. 1952 . . . . Bd. 270

Kultur der Urzeit von *F. Behn*. 4. Auflage der „Kultur der Urzeit". Band I—III von *M. Hoernes*.
I: Die vormetallischen Kulturen. (Die Steinzeiten Europas. Gleichartige Kulturen in anderen Erdteilen). 172 Seiten mit 48 Abbildungen. 1950 . . . . Bd. 564
II: Die älteren Metallkulturen. (Der Beginn der Metallbenutzung. Kupfer- und Bronzezeit in Europa, im Orient und in Amerika). 160 Seiten mit 67 Abbildungen. 1950 Bd. 565
III: Die jüngeren Metallkulturen. (Das Eisen als Kulturmetall. Hallstatt-Latène-Kultur in Europa. Das erste

Auftreten des Eisens in den anderen Erdteilen). 149 Seiten mit 60 Abbildungen. 1950 . . . . Bd. 566

Vorgeschichte Europas von *F. Behn*. Völlig neue Bearbeitung der 7. Auflage der „Urgeschichte der Menschheit“ von *M. Hoernes*. 125 Seiten mit 47 Abbildungen. 1949 . . Bd. 42

Von den Karolingern zu den Staufern von *J. Haller*. Die altdeutsche Kaiserzeit (900—1250). 3. Auflage. 141 Seiten mit 4 Karten. 1944 . . . . Bd. 1065

Deutsche Geschichte im Zeitalter der Reformation, der Gegenreformation und des 30jährigen Krieges von *F. Hartung*. 129 Seiten. 1951 . . . . Bd. 1105

Deutsche Geschichte von 1648 bis zur Gegenwart von *W. Treue* (4 Bände). In Vorbereitung . . . . Bd. 35

Quellenkunde der deutschen Geschichte im Mittelalter (bis zur Mitte des 15. Jahrhunderts) von *K. Jacob †*.

I: Einleitung. Allgemeiner Teil. Die Zeit der Karolinger. 5. Auflage. 118 Seiten. 1949 . . . . Bd. 279

II: Die Kaiserzeit (911—1250). 4. Auflage. 127 Seiten. 1949 . . . . Bd. 280

III: Das Spätmittelalter (vom Interregnum bis 1500). Unter Verwendung der Hinterlassenschaft herausgegeben von *F. Weden*. 152 Seiten. 1952 . . . . Bd. 284

Badische Geschichte von *A. Krieger*. 137 Seiten. 1921 . . . Bd. 230

Geschichte Englands von *H. Preller*.

I: bis 1815. 3., stark umgearbeitete Auflage. 135 Seiten mit 7 Stammtafeln und 2 Karten im Text. 1952. . . . Bd. 375

II: von 1815 bis 1910. 2., völlig umgearb. Auflage. 118 S. mit 1 Stammtafel und 7 Karten im Text. 1954 . . Bd. 1088

Geschichte der Vereinigten Staaten von Amerika von *O. Graf zu Stolberg-Wernigerode*. 192 Seiten mit 10 Karten im Text. 1956. . . . . Bd. 1051/1051a

Deutsche Sprache und Literatur

Deutsches Rechtschreibungswörterbuch von *M. Gottschald*. 2., verbesserte Auflage. 269 Seiten. 1953 . . . . Bd. 200/200a

Deutsche Wortkunde von *A. Schirmer*. Eine kulturgeschichtliche Betrachtung des deutschen Wortschatzes. 3., durchgesehene Auflage. 109 Seiten. 1949 . . . . . Bd. 929

Deutsche Sprachlehre von *W. Hofstaetter*. 9., neubearbeitete Auflage von *G. Spree*. 144 Seiten. 1953 . . . . Bd. 20

Stimmkunde für Beruf, Kunst und Heilzwecke von *H. Biehle*. 111 Seiten. 1955 . . . . Bd. 60

Redetechnik von *H. Biehle*. Einführung in die Rhetorik. 115 Seiten. 1954 . . . . Bd. 61

Sprechen und Sprachpflege von *H. Feist*. (Die Kunst des Sprechens). 2., verbesserte Auflage. 99 Seiten mit 25 Abbildungen. 1952 . . . . Bd. 1122

Der Nibelunge Nôt in Auswahl mit kurzem Wörterbuch von *K. Langosch*. 9., umgearbeitete Auflage. 164 Seiten. 1953 Bd. 1

Deutsches Dichten und Denken von der germanischen bis zur staufischen Zeit von *H. Naumann*. (Deutsche Literaturgeschichte vom 5.—13. Jahrhundert). 2., verbesserte Auflage. 166 Seiten. 1952 . . . . Bd. 1121

Deutsches Dichten und Denken vom Mittelalter zur Neuzeit von *G. Müller* (1270—1700). 2., durchgesehene Auflage. 159 Seiten. 1949 . . . . Bd. 1086

Die deutschen Personennamen von *M. Gottschald*. 2., verbesserte Auflage. 151 Seiten. 1955 . . . . Bd. 422

Althochdeutsches Elementarbuch von *H. Naumann †* und *W. Betz*. 2. Auflage. 156 Seiten. 1954. . . . . Bd. 1111

Mittelhochdeutsche Grammatik von *H. de Boor* und *R. Wisniewski*. 139 Seiten. 1956 . . . . Bd. 1108

Indogermanisch · Germanisch

Gotisches Elementarbuch von *H. Hempel*. Grammatik, Texte mit Übersetzung und Erläuterungen. 2., umgearbeitete Auflage. 165 Seiten. 1953 . . . . Bd. 79

Germanische Sprachwissenschaft von *H. Krahe*.
- I: Einleitung und Lautlehre. 3. Auflage. In Vorbereitung Bd. 238
- II: Formenlehre. 2. Auflage. 140 Seiten .1948 . . . . . Bd. 780

Altnordisches Elementarbuch von *F. Ranke*. Schrifttum, Sprache, Texte mit Übersetzung und Wörterbuch. 2., durchgesehene Auflage. 146 Seiten. 1949 . . . . Bd. 1115

Englisch · Französisch · Italienisch

Altenglisches Elementarbuch von *M. Lehnert*. Einführung, Grammatik, Texte mit Übersetzung und Wörterbuch. 3., verbesserte Auflage. 178 Seiten. 1955 . . . . Bd. 1125

Historische neuenglische Laut- und Formenlehre von *E. Ekwall*. 3., durchgesehene Auflage. 150 Seiten. 1956 . . Bd. 735

Englische Literaturgeschichte.
- I: Die alt- und mittelenglische Periode von *F. Schubel*. 163 Seiten. 1954 . . . . Bd. 1114
- II: Von der Renaissance bis zur Aufklärung von *Paul Meissner †*. 139 Seiten. 1937 . . . . Bd. 1116
- III: Romantik und Viktorianismus von *Paul Meissner †*. 150 Seiten. 1938 . . . . Bd. 1124
- IV: Das 20. Jahrhundert von *Paul Meissner †*. 150 Seiten. 1939 . . . . Bd. 1136

Beowulf von *M. Lehnert*. Eine Auswahl mit Einführung, teilweiser Übersetzung, Anmerkungen und etymologischem Wörterbuch. 2., verbesserte Auflage. 135 Seiten. 1949 Bd. 1135

Shakespeare von *P. Meissner †*. 2. Auflage, neubearbeitet von *M. Lehnert*. 136 Seiten. 1954 . . . . Bd. 1142

Romanische Sprachwissenschaft von *H. Lausberg*.
- I: Einleitung und Vokalismus. 160 Seiten. 1956 . . Bd. 128/128a
- II: Konsonantismus. 95 Seiten. 1956 . . . . Bd. 250

Italienische Literaturgeschichte von *K. Vossler †*. Unveränderter Nachdruck der 1927 erschienenen 4., durchgesehenen und verbesserten Auflage. 148 Seiten. 1948 Bd. 125

Griechisch · Lateinisch

Griechische Sprachwissenschaft von *W. Brandenstein*.
- I: Einleitung, Lautsystem, Etymologie. 160 Seiten. 1954 Bd. 117
- II: In Vorbereitung . . . . Bd. 118

Geschichte der griechischen Sprache
- I: Bis zum Ausgang der klassischen Zeit. Von *O. Hoffmann †*. 3., umgearbeitete Auflage von *A. Debrunner*. 156 Seiten. 1954 . . . . Bd. 111
- II: Grundfragen und Grundzüge d. nachklass. Griechisch. Von *A. Debrunner*. 144 Seiten. 1954 . . . . Bd. 114

Geschichte der griechischen Literatur von *W. Nestle.* 2., verbesserte Auflage.

I: Von den Anfängen bis auf Alexander d. Gr. 148 Seiten. 1950 . . . . Bd. 70

II: Von Alexander d. Gr. bis zum Ausgang der Antike. 128 Seiten. 1948 . . . . Bd. 557

Geschichte der lateinischen Sprache von *F. Stolz †.* 3., stark umgearbeitete Auflage von *A. Debrunner.* 136 Seiten. 1953 . . . . Bd. 492

Hebräisch · Sanskrit · Russisch

Hebräische Grammatik von *G. Beer †.* 2., völlig neubearbeitete Auflage von *R. Meyer.*

I: Schrift-, Laut- und Formenlehre I. 157 Seiten. 1952. Bd. 763/763a

II: Schrift-, Laut- und Formenlehre II. 195 Seiten. 1955 . . . . Bd. 764/764a

Sanskrit-Grammatik von *M. Mayrhofer.* 89 Seiten. 1953 . . Bd. 1158

Russische Grammatik von *G. Berneker.* 6., unveränderte Auflage von *M. Vasmer.* 155 Seiten. 1947 . . . . Bd. 66

Erd- und Länderkunde

Afrika von *F. Jaeger.* Ein geographischer Überblick. 2., umgearbeitete Auflage.

I: Der Lebensraum. 179 Seiten mit 18 Abbildungen. 1954 Bd. 910

II: Mensch und Kultur. 155 Seiten mit 6 Abbildungen. 1954 Bd. 911

Iberoamerika von *O. Quelle.* In Vorbereitung . . . . Bd. 856

Australien und Ozeanien von *H. J. Krug.* 176 Seiten mit 46 Skizzen. 1953 . . . . Bd. 319

Kartenkunde von *M. Eckert-Greifendorff †.* 3., durchgesehene Auflage von *W. Kleffner.* 149 Seiten mit 63 Abb. 1950 Bd. 30

Volkswirtschaft · Publizistik

Allgemeine Betriebswirtschaftslehre von *K. Mellerowicz.* 9., unveränderte Auflage. 1956.

I: 142 Seiten . . . . Bd. 1008

II: 112 Seiten. . . . . Bd. 1153

III: 143 Seiten. . . . . Bd. 1154

Allgemeine Volkswirtschaftslehre von *A. Paulsen.*

I: Grundlegung, Wirtschaftskreislauf. 138 Seiten mit 11 Abbildungen. 1956. . . . . Bd. 1169

II: Haushalte, Unternehmungen, Marktformen. In Vorbereitung . . . . Bd. 1170

III: Produktionsfaktoren, Geldwesen. In Vorbereitung . . Bd. 1171

IV: Konjunktur, Außenhandel, staatliche Aktivität. In Vorbereitung . . . . Bd. 1172

Zeitungslehre von *E. Dovifat.* 3., neubearbeitete Auflage. 1955.

I: Theoretische und rechtliche Grundlagen, Nachricht und Meinung, Sprache und Form. 148 Seiten. 1955 . . . . Bd. 1039

II: Redaktion, Die Sparten, Verlag und Vertrieb, Wirtschaft und Technik, Sicherung der öffentlichen Aufgabe. 158 Seiten. 1955 . . . . Bd. 1040

Naturwissenschaften

Mathematik

Geschichte der Mathematik von *J. E. Hofmann.*
I: Von den Anfängen bis zum Auftreten von Fermat und Descartes. 200 Seiten. 1953 . . . . Bd. 226

Mathematische Formelsammlung von *F. Ringleb.*
Vollständig umgearbeitete Neuausgabe des Werkes von *O. Th. Bürklen.* 6., durchgesehene Aufl. 274 Seiten mit 57 Figuren. 1956. In Vorbereitung . . . . Bd. 51

Fünfstellige Logarithmen von *A. Adler.* Mit mehreren graphischen Rechentafeln und häufig vorkommenden Zahlwerten. 2. Auflage. Neudruck. 127 Seiten mit 1 Tafel. 1949 . . . . Bd. 423

Höhere Algebra von *H. Hasse.* 3., verbesserte Auflage.
I: Lineare Gleichungen. 152 Seiten. 1951 . . . . Bd. 931
II: Gleichungen höheren Grades. 158 Seiten mit 5 Figuren. 1951 . . . . Bd. 932

Aufgabensammlung zur höheren Algebra von *H. Hasse* und *W. Klobe.* 2., verbesserte und vermehrte Auflage. 181 Seiten. 1952 . . . . Bd. 1082

Elementare und klassische Algebra vom modernen Standpunkt von *W. Krull.* 2., erweiterte Auflage.
I: 136 Seiten. 1952 . . . . Bd. 930

Einführung in die Zahlentheorie von *A. Scholz †.* 2. Auflage, überarbeitet von *B. Schoeneberg.* 128 Seiten. 1955 . . . Bd. 1131

Elemente der Funktionentheorie von *K. Knopp.* 4. Auflage. 144 Seiten mit 23 Fig. 1955 . . . . Bd. 1109

Funktionentheorie von *K. Knopp.* 8. Auflage.
I: Grundlagen der allgemeinen Theorie der analytischen Funktionen. 139 Seiten mit 8 Fig. 1955 . . . . Bd. 668
II: Anwendungen und Weiterführung der allgemeinen Theorie. 130 Seiten mit 7 Fig. 1955 . . . . Bd. 703

Aufgabensammlung zur Funktionentheorie von *K. Knopp.* 4. Auflage.
I: Aufgaben zur elementaren Funktionentheorie. 135 Seiten. 1949 . . . . Bd. 877
II: Aufgaben zur höheren Funktionentheorie. 151 Seiten. 1949 . . . . Bd. 878

Repetitorium und Aufgabensammlung zur Differentialrechnung von *A. Witting †.* 2., neubearbeitete Auflage. Durchgesehener Neudruck. 145 Seiten. 1949 . . . . Bd. 146

Repetitorium und Aufgabensammlung zur Integralrechnung von *A. Witting †.* 2., neubearbeitete Auflage. Durchgesehener Neudruck. 121 Seiten mit 32 Figuren und 309 Beispielen. 1949 . . . . Bd. 147

Gewöhnliche Differentialgleichungen von *G. Hoheisel.* 4., neubearbeitete Auflage. 129 Seiten. 1951 . . . . Bd. 920

Partielle Differentialgleichungen von *G. Hoheisel.* 3., neubearbeitete Auflage. 130 Seiten. 1953 . . . . Bd. 1003

Aufgabensammlung zu den gewöhnlichen und partiellen Differentialgleichungen von *G. Hoheisel.* 2., umgearbeitete Auflage. 124 Seiten. 1952 . . . . Bd. 1059

Mengenlehre von *E. Kamke,* 3., neubearbeitete Auflage. 194 Seiten mit 6 Figuren. 1955 . . . . Bd. 999/999a

Darstellende Geometrie von *W. Haack.*

I: Die wichtigsten Darstellungsmethoden. Grund- und Aufriß ebenflächiger Körper. 110 Seiten mit 117 Abbildungen. 1954 . . . . Bd. 142

II: Körper mit krummen Begrenzungsflächen. Kotierte Projektionen. 129 Seiten mit 86 Abbildungen. 1954 . . Bd. 143

III: Axonometrie. Perspektive. Photogrammetrie. In Vorbereitung . . . . Bd. 144

Sammlung von Aufgaben und Beispielen zur analytischen Geometrie der Ebene von *R. Haussner †.* Mit den vollständigen Lösungen. 139 Seiten mit 22 Figuren im Text. Neudruck. 1949 . . . . Bd. 256

Nichteuklidische Geometrie von *R. Baldus †.* Hyperbolische Geometrie der Ebene. 3., verbesserte Auflage, durchgesehen und herausgegeben von *F. Löbell.* 140 Seiten mit 70 Figuren im Text. 1953 . . . . Bd. 970

Differentialgeometrie von *K. Strubecker* (früher Rothe).

I: Kurventheorie der Ebene und des Raumes. 150 Seiten mit 18 Figuren. 1955 . . . . Bd. 1113/1113a

Einführung in die konforme Abbildung von *L. Bieberbach.* 4. Auflage. 147 Seiten mit 42 Zeichnungen. 1949 . . . Bd. 768

Vektoranalysis von *S. Valentiner.* Neudruck der 7. Auflage (1950). 138 Seiten mit 19 Figuren. 1954 . . . . Bd. 354

Vermessungskunde von *P. Werkmeister.*

I: Stückmessung und Nivellieren. 9. Auflage. 165 Seiten mit 145 Figuren. 1949 . . . . Bd. 468

II: Messung von Horizontalwinkeln. Festlegung von Punkten im Koordinatensystem. Absteckungen. 7. Auflage. 151 Seiten mit 93 Figuren. 1949 . . . . Bd. 469

III: Trigonometrische und barometrische Höhenmessung. Tachymetrie und Topographie. 6. Auflage. 147 Seiten mit 64 Figuren. 1949 . . . . Bd. 862

Versicherungsmathematik von *F. Böhm.*

I: Elemente der Versicherungsrechnung. 3., vermehrte und verbesserte Auflage. Durchgesehener Neudruck. 151 Seiten. 1954 . . . . Bd. 180

II: Lebensversicherungsmathematik. Einführung in die technischen Grundlagen der Sozialversicherung. 2., verbesserte Auflage. 205 Seiten. 1953 . . . . Bd. 917/917a

Physik

Einführung in die theoretische Physik von *W. Döring.*

I: Mechanik. 119 Seiten mit 29 Abbildungen. 1954 . . Bd. 76

II: Das elektromagnetische Feld. 123 Seiten mit 15 Abbildungen. 1955 . . . . Bd. 77

III: Optik. 117 Seiten mit 32 Abbildungen. 1956 . . . . Bd. 78

IV: Thermodynamik. Mit 9 Abbildungen. In Vorbereitung Bd. 374

Atomphysik von *K. Bechert* u. *Ch. Gerthsen.* 3., umgearb. Aufl.

I: Allgemeine Grundlagen. I. Teil von *Ch. Gerthsen.* 123 Seiten mit 35 Abbildungen. 1955 . . . . Bd. 1009

II: Allgemeine Grundlagen. II. Teil von *Ch. Gerthsen.* 112 Seiten mit 48 Abbildungen. 1955 . . . . Bd. 1033

III: Theorie des Atombaus. I. Teil von *K. Bechert.* 148 Seiten mit 16 Abbildungen. 1954 . . . . . Bd. 1123/1123a

IV: Theorie des Atombaus. 2. Teil von *K. Bechert.* 170 Seiten mit 14 Abbildungen. 1954 . . . . Bd. 1165/1165a

Differentialgleichungen der Physik von *F. Sauter*. 2. Auflage. 148 Seiten mit 16 Figuren. 1950 . . . . Bd. 1070

Physikalische Formelsammlung von *G. Mahler* und *K. Mahler*. 9., durchgesehene Auflage. 153 Seiten mit 69 Figuren. 1955 . . . . Bd. 136

Physikalische Aufgabensammlung von *G. Mahler* u. *K. Mahler*. Mit den Ergebnissen. 8., durchgesehene Auflage. 127 Seiten. 1955 . . . . Bd. 243

Chemie

Geschichte der Chemie von *G. Lockemann*. In kurzgefaßter Darstellung.
I: Vom Altertum bis zur Entdeckung des Sauerstoffs. 142 Seiten mit 8 Bildnissen. 1950 . . . . Bd. 264
II: Von der Entdeckung des Sauerstoffs bis zur Gegenwart. 151 Seiten mit 16 Bildnissen. 1955 . . . . Bd. 265/265a

Anorganische Chemie von *W. Klemm*. 8. Auflage. 184 Seiten mit 18 Abbildungen. 1954 . . . . Bd. 37

Organische Chemie von *W. Schlenk*. 6., erweiterte Auflage. 263 Seiten. 1954 . . . . Bd. 38/38a

Allgemeine und physikalische Chemie von *W. Schulze*. 4., neubearbeitete Auflage.
I: 139 Seiten mit 10 Figuren. 1955 . . . . Bd. 71
II: 177 Seiten mit 37 Figuren. 1956 . . . . Bd. 698/698a
III: 1956. In Vorbereitung . . . . Bd. 786

Analytische Chemie von *J. Hoppe*. 5., verbesserte Auflage.
I: Reaktionen. 135 Seiten. 1950 . . . . Bd. 247
II: Gang der qualitativen Analyse. 166 Seiten. 1950 . . Bd. 248

Maßanalyse von *G. Jander* und *K. J. Jahr*. Theorie und Praxis der klassischen und der elektrochemischen Titrierverfahren. 7. Auflage.
I: Grundlagen. Oxydations- und Reduktionsanalysen. In Vorbereitung . . . . Bd. 221
II: Neutralisations- und Fällungsanalysen. In Vorbereitung Bd. 1002
III: Komplexometrie. Konduktometrie. Potentiometrie. In Vorbereitung . . . . Bd. 1004

Thermochemie von *W. A. Roth*. 2., verbesserte Auflage. 109 Seiten mit 16 Figuren. 1952 . . . . Bd. 1057

Physikalisch-chemische Rechenaufgaben von *E. Asmus*. 2. Auflage. 96 Seiten. 1949 . . . . Bd. 445

Stöchiometrische Aufgabensammlung von *W. Bahrdt* und *R. Scheer*. Mit den Ergebnissen. 5., verbesserte Auflage. 120 Seiten. 1952 . . . . Bd. 452

Elektrochemie und ihre physikalisch-chemischen Grundlagen von *A. Dassler*.
I: 149 Seiten mit 21 Abbildungen. 1950. . . . . Bd. 252
II: 178 Seiten mit 17 Abbildungen. 1950. . . . . Bd. 253

Technologie

Warenkunde von *K. Hassak†* und *E. Beutel†*. 7. Auflage. Neubearbeitet von *A. Kutzelnigg*.
I: Anorganische Waren sowie Kohle und Erdöl. 116 Seiten mit 19 Figuren. 1947 . . . . Bd. 222
II: Organische Waren. 143 Seiten mit 32 Figuren. 1949 . Bd. 223

Die Fette und Öle von *K. Braun†*. 5., völlig neubearbeitete und verbesserte Auflage von *Th. Klug*. 145 Seiten. 1950 Bd. 335

Die Seifenfabrikation von *K. Braun†*. 3., neubearbeitete und verbesserte Auflage von *Th. Klug*. 116 Seiten mit 18 Abbildungen. 1953 . . . . Bd. 336

Textilindustrie.

I: Spinnerei und Zwirnerei von *A. Blümcke*. 112 Seiten mit 43 Abbildungen. 1954 . . . . Bd. 184

Biologie

Einführung in die allgemeine Biologie von *M. Hartmann*. In Vorbereitung . . . . Bd. 96

Hormone von *G. Koller*. 2., neubearbeitete und erweiterte Auflage. 187 Seiten mit 60 Abb. und 19 Tabellen. 1949 . Bd. 1141

Fortpflanzung im Tier- und Pflanzenreich von *J. Hämmerling*. 2., ergänzte Auflage. 135 Seiten mit 101 Abb. 1951 . Bd. 1138

Geschlecht und Geschlechtsbestimmung im Tier- und Pflanzenreich von *M. Hartmann*. 2., verbesserte Auflage. 116 Seiten mit 61 Abbildungen und 7 Tabellen. 1951. . Bd. 1127

Grundriß der allgemeinen Mikrobiologie von *W. Schwartz*.

I: 104 Seiten mit 17 Abbildungen. 1949. . . . . Bd. 1155

II: 93 Seiten mit 12 Abbildungen. 1949. . . . . Bd. 1157

Symbiose der Tiere mit pflanzlichen Mikroorganismen von *P. Buchner*. 2., verbesserte und vermehrte Auflage. 130 Seiten mit 121 Abbildungen. 1949 . . . . Bd. 1128

Botanik

Entwicklungsgeschichte des Pflanzenreiches von *H. Heil*. 2. Auflage. 138 Seiten mit 94 Abbildungen und 1 Tabelle. 1950 Bd. 1137

Morphologie der Pflanzen von *L. Geitler*. 3. Auflage. 126 Seiten mit 114 Abbildungen. 1953 . . . . Bd. 141

Pflanzenzüchtung von *H. Kuckuck*. 3., völlig umgearbeitete Auflage.

I: Grundzüge der Pflanzenzüchtung. 132 Seiten mit 22 Abbildungen. 1952 . . . . Bd. 1134

Die Laubhölzer von *F. W. Neger†* und *E. Münch†*. Kurzgefaßte Beschreibung der in Mitteleuropa gedeihenden Laubbäume und Sträucher. 3., durchgesehene Auflage, herausgegeben von *B. Huber*. 143 Seiten mit 63 Figuren und 7 Tabellen. 1950 . . . . Bd. 718

Die Nadelhölzer (Koniferen) und übrigen Gymnospermen von *F. W. Neger†* und *E. Münch†*. 4. Auflage. Durchgesehen und ergänzt von *B. Huber*. 140 Seiten mit 75 Figuren, 4 Tabellen und 3 Karten. 1952 . . . . Bd. 355

Zoologie

Entwicklungsphysiologie der Tiere von *F. Seidel*.

I: Ei und Furchung. 126 Seiten mit 29 Abbildungen. 1953 . . . . Bd. 1162

II: Körpergrundgestalt und Organbildung. 159 Seiten mit 42 Abbildungen. 1953 . . . . Bd. 1163

Das Tierreich.

Fische von *D. Lüdemann*. 130 Seiten mit 65 Abbildungen. 1955 . . . . Bd. 356

Insekten von *H. von Lengerken*. 128 Seiten mit 58 Abbildungen. 1953 . . . . Bd. 594

Lurche von *K. Herter*. 140 Seiten mit 129 Abbild. 1955 Bd. 847
Spinnentiere von *A. Kaestner*. 96 S. mit 55 Abb. 1955 Bd. 1161
Würmer von *S. Jaeckel*. 112 Seiten mit 36 Abbild. 1955 Bd. 439
Weichtiere von *S. Jaeckel*. 92 Seiten mit 34 Abbildungen. 1954 . . . . Bd. 440
Stachelhäuter von *S. Jaeckel*. 100 Seiten mit 46 Abbildungen. 1955 . . . . Bd. 441
Schwämme und Hohltiere von *H. J. Hannemann*. 95 Seiten mit 80 Abbildungen. 1956 . . . . Bd. 442
Krebse von *H. E. Gruner* und *K. Deckert*. Mit 43 Abbildungen. 1956. In Vorbereitung . . . . Bd. 443
Protozoa von *E. Reichenow*. 1956. In Vorbereitung Bd. 444

Vergleichende Physiologie der Tiere von *K. Herter*. 3. Auflage der „Tierphysiologie".
I: Stoff- und Energiewechsel. 155 Seiten mit 64 Abbild. 1950 . . . . Bd. 972
II: Bewegung und Reizerscheinungen. 148 Seiten mit 110 Abbildungen. 1950 . . . . Bd. 973

Land- und Forstwirtschaft

Landwirtschaftliche Tierzucht von *H. Vogel*. Die Züchtung und Haltung der landwirtschaftlichen Nutztiere. 139 Seiten mit 11 Abbildungen. 1952 . . . . Bd. 228

Kulturtechnische Bodenverbesserungen von *O. Fauser*. 4., neubearbeitete Auflage.
I: Allgemeines, Entwässerung. 122 Seiten mit 47 Abbildungen. 1947 . . . . Bd. 691
II: Bewässerung, Ödlandkultur, Umlegung. 150 Seiten mit 67 Abbildungen. 1949 . . . . Bd. 692

Agrikulturchemie von *K. Scharrer*.
I: Pflanzenernährung. 143 Seiten. 1953 . . . . Bd. 329
II: Futtermittelkunde. 1956. In Vorbereitung . . . . . Bd. 330

Geologie · Mineralogie · Kristallographie

Kristallographie von *W. Bruhns†* und *P. Ramdohr*. 4. Auflage. 106 Seiten mit 163 Abbildungen. 1954 . . . . Bd. 210

Einführung in die Kristalloptik von *E. Buchwald*. 4., verbess. Auflage. 138 Seiten mit 121 Figuren. 1952 . . . . . Bd. 619

Lötrohrprobierkunde von *M. Henglein*. Mineraldiagnose mit Lötrohr- und Tüpfelreaktion. 3., verbesserte Auflage. 91 Seiten mit 11 Figuren. 1949 . . . . Bd. 483

Mineral- und Erzlagerstättenkunde von *H. Huttenlocher †*.
I: 128 Seiten mit 34 Abbildungen. 1954. . . . . Bd. 1014
II: 156 Seiten mit 48 Abbildungen. 1954. . . . . Bd. 1015/1015a

Allgemeine Mineralogie von *R. Brauns †* und *K. F. Chudoba*. 9., erweiterte Auflage der „Mineralogie" von *Brauns-Chudoba*. 104 Seiten mit 107 Figuren, 1 Tafel, 2 Tabellen. 1955 . . . . Bd. 29

Spezielle Mineralogie von *R. Brauns †* und *K. F. Chudoba*. 9., erweiterte Auflage der „Mineralogie" von *Brauns-Chudoba*. 133 Seiten mit 105 Figuren. 1955 . . . . . . Bd. 31

Petrographie. Von *W. Bruhns†* und *P. Ramdohr*. 4., durchgesehene Auflage. 104 Seiten mit 10 Figuren. 1955 . . Bd. 173

Geologie von *F. Lotze*. 176 Seiten mit 80 Abbildungen. 1955 . . Bd. 13

Technik

Elektrotechnik

Grundlagen der Elektrotechnik von *O. Mohr.* 2 Bände. In Vorbereitung . . . . Bd. 196/197

Die Gleichstrommaschine von *K. Humburg.* Durchgesehener Neudruck.
I: 102 Seiten mit 59 Abbildungen. 1949. . . . . Bd. 257
II: 98 Seiten mit 38 Abbildungen. 1949 . . . . Bd. 881

Die synchrone Maschine von *K. Humburg.* Neudruck. 109 Seiten mit 78 Bildern. 1951 . . . . Bd. 1146

Induktionsmaschinen von *F. Unger.* 2., erweiterte Auflage. 142 Seiten mit 49 Abbildungen. 1954. . . . . Bd. 1140

Die komplexe Berechnung von Wechselstromschaltungen von *H. H. Meinke.* 160 Seiten mit 114 Abbildungen. 1949 . Bd. 1156

Theoretische Grundlagen zur Berechnung der Schaltgeräte von *F. Kesselring.* 3. Auflage. 144 Seiten mit 92 Abbildungen. 1950 . . . . Bd. 711

Einführung in die Technik selbsttätiger Regelungen von *W. zur Megede.* 1956. In Vorbereitung . . . . Bd. 714/714a

Elektromotorische Antriebe (Grundlagen für die Berechnung) von *A. Schwaiger.* 3., neubearbeitete Auflage. 96 Seiten mit 34 Abbildungen. 1952 . . . . Bd. 827

Technische Tabellen und Formeln von *W. Müller.* 4., verbesserte und erweiterte Auflage von *E. Schulze.* 152 Seiten mit 105 Figuren. 1951 . . . . Bd. 579

Überspannungen und Überspannungsschutz von *G. Frühauf.* Durchgesehener Neudruck. 122 Seiten mit 98 Abbildungen. 1950 . . . . Bd. 1132

Maschinenbau

Metallkunde. Einführendes über Aufbau, Eigenschaften und Untersuchung von Metallen und Legierungen sowie über Grundlagen des Schmelzens, des Gießens, des Verformens, der Wärmebehandlung, der Oberflächenbehandlung, der Verbinde- und Trennarbeiten von *H. Borchers.*
I: Aufbau der Metalle und Legierungen. 3. Auflage. 1956. In Vorbereitung . . . . Bd. 432
II: Eigenschaften. Grundzüge der Form- und Zustandsgebung. 2. Auflage. 154 Seiten mit 8 Tabellen und 100 Abbildungen. 1952 . . . . Bd. 433

Die Werkstoffe des Maschinenbaues von *A. Thum* und *C. M. Freiherr von Meysenbug.*
I: 1956. In Vorbereitung . . . . Bd. 476

Dynamik von *W. Müller.* 2., verbesserte Auflage.
I: Dynamik des Einzelkörpers. 128 Seiten mit 48 Figuren. 1952 . . . . Bd. 902
II: Systeme von starren Körpern. 102 Seiten mit 41 Figuren. 1952 . . . . Bd. 903

Technische Schwingungslehre von *L. Zipperer.* 2., neubearbeitete Auflage.

I: Allgemeine Schwingungsgleichungen, einfache Schwinger. 120 Seiten mit 101 Abbildungen. 1953 . . . . . Bd. 953
II: Torsionsschwingungen in Maschinenanlagen. 102 Seiten mit 59 Abbildungen. 1955 . . . . Bd. 961/961a

Transformatoren von *W. Schäfer*. 2. Auflage mit 74 Abbildungen. 1956. In Vorbereitung . . . . Bd. 952

Werkzeugmaschinen für Metallbearbeitung von *K. P. Matthes*.
I: 110 Seiten mit 27 Abbildungen, 11 Zahlentafeln im Text und 1 Tafelanhang. 1954 . . . . Bd. 561
II: Fertigungstechnische Grundlagen der neuzeitlichen Metallbearbeitung. 101 Seiten mit 30 Abbildungen und 5 Tafeln im Text. 1955 . . . . Bd. 562

Die Maschinenelemente von *E. A. vom Ende*. 3., verbesserte Auflage. Mit 175 Figuren und 9 Tafeln. 1956. In Vorbereitung . . . . Bd. 3

Das Maschinenzeichnen mit Einführung in das Konstruieren von *W. Tochtermann*. 4. Auflage.
I: Das Maschinenzeichnen. 156 Seiten mit 77 Tafeln. 1950 Bd. 589
II: Ausgeführte Konstruktionsbeispiele. 130 Seiten mit 58 Tafeln. 1950 . . . . Bd. 590

Getriebelehre von *P. Grodzinski*. 2., neubearbeitete Auflage.
I: Geometrische Grundlagen. 159 Seiten mit 142 Figuren. 1953 . . . . Bd. 1061

Gießereitechnik von *H. Jungbluth*.
I: Eisengießerei. 126 Seiten mit 44 Abbildungen. 1951 . . Bd. 1159

Die Dampfkessel und Feuerungen einschließlich Hilfseinrichtungen in Theorie, Konstruktion und Berechnung von *W. Marcard †*. 2. Auflage. Neubearbeitet von *K. Beck*.
I: Die theoretischen Grundlagen. Wärme, Verbrennung, Wärmeübertragung. 150 Seiten mit 42 Abbildungen und 16 Tabellen. 1951 . . . . Bd. 9
II: Dampfkessel. 147 Seiten mit 43 Abbildungen. 1952 . . Bd. 521

Dampfturbinen von *C. Zietmann*. 3., verbesserte Auflage.
I: Theorie der Dampfturbinen. 140 Seiten mit 48 Abbildungen. 1955 . . . . Bd. 274
II: Die Berechnung der Dampfturbinen und die Konstruktion der Einzelteile. 134 Seiten mit 111 Abbildungen. 1956 . . . . Bd. 715
III: Ihre Wirkungsweise, Berechnung und Konstruktion. Mit 90 Abbildungen. 1956. In Vorbereitung . . . . . Bd. 716

Industrielle Kraft- und Wärmewirtschaft von *F. A. F. Schmidt*. 1956. In Vorbereitung. . . . . Bd. 318/318a

Technische Thermodynamik von *W. Nusselt*.
I: Grundlagen. 4., verbesserte Auflage. 144 Seiten mit 71 Abbildungen. 1956. In Vorbereitung . . . . . . Bd. 1084
II: Theorie der Wärmekraftmaschinen. Neudruck. 144 Seiten mit 87 Abbildungen und 32 Zahlentafeln. 1951 . . . Bd. 1151

Autogenes Schweißen und Schneiden von *H. Niese*. 5. Auflage. Neubearbeitet von *A. Küchler*. 136 Seiten mit 71 Figuren. 1954 . . . . Bd. 499

Die elektrischen Schweißverfahren von *H. Niese*. 2. Auflage. Neubearbeitet von *H. Dienst*. 136 Seiten mit 58 Abbildungen. 1955 . . . . Bd. 1020

Hebezeuge von *G. Tafel*.
I: 2., verbesserte Auflage. 276 Seiten mit 230 Figuren. 1954 . . . . Bd. 414/414a

Wasserbau

Wasserkraftanlagen von *A. Ludin.*
I: Planung, Grundlagen und Grundzüge. 124 Seiten mit 60 Abbildungen. 1955 . . . . Bd. 665
II: In Vorbereitung . . . . Bd. 666

Verkehrswasserbau von *H. Dehnert.*
I: Entwurfsgrundlagen, Flußregelungen. 103 Seiten mit 52 Textabbildungen. 1950 . . . . Bd. 585
II: Flußkanalisierungen und Schiffahrtskanäle. 94 Seiten mit 60 Textabbildungen. 1950 . . . . Bd. 597
III: Schleusen und Hebewerke. 98 Seiten mit 70 Textabbildungen. 1950 . . . . Bd. 1152

Talsperren von *F. Tölke.* 122 Seiten mit 70 Abbildungen. 1953 Bd. 1044

Wehr- und Stauanlagen von *H. Dehnert.* 134 Seiten mit 90 Abbildungen. 1952 . . . . Bd. 965

Hoch- und Tiefbau

Festigkeitslehre von *W. Gehler †* und *W. Herberg.*
I: Elastizität, Plastizität und Festigkeit der Baustoffe und Bauteile. Durchgesehener und erweiterter Neudruck. 159 Seiten mit 18 Bildern. 1952 . . . . Bd. 1144
II: Formänderung, Platten, Stabilität und Bruchhypothesen. Bearb. von *W. Herberg* und *N. Dimitrov.* 187 Seiten mit 94 Bildern. 1955 . . . . Bd. 1145/1145a

Statik der Baukonstruktionen von *A. Teichmann.*
I: Grundlagen. 101 Seiten mit 51 Abbildungen und 8 Formentafeln. 1956 . . . . Bd. 119

Grundlagen des Stahlbetonbaus von *A. Troche.* 2., neubearbeitete und erweiterte Auflage. 208 Seiten mit 75 Abbildungen, 17 Bemessungstafeln und 20 Rechenbeispielen. 1953 . . . . Bd. 1078

Fenster, Türen, Tore aus Holz und Metall. Eine Anleitung zu ihrer guten Gestaltung, wirtschaftlichen Bemessung und handwerksgerechten Konstruktion von *W. Wickop.* 4., überarbeitete Auflage. 155 Seiten mit 95 Abbildungen 1955 . . . . Bd. 1092

Die wichtigsten Baustoffe des Hoch- und Tiefbaus von *O. Graf.* 4., verbesserte Auflage. 131 Seiten mit 63 Abbildungen. 1953 . . . . Bd. 984

Baustoffverarbeitung und Baustellenprüfung des Betons von *A. Kleinlogel.* 2., neubearbeitete und erweiterte Auflage. 126 Seiten mit 35 Abbildungen. 1951 . . . . . Bd. 978

Heizung und Lüftung von *J. Körting †* und *W. Körting.* 8., neubearbeitete Auflage.
I: Das Wesen und die Berechnung der Heizungs- und Lüftungsanlagen. 140 Seiten mit 29 Abbildungen und 18 Zahlentafeln. 1951 . . . . Bd. 342
II: Die Ausführung der Heizungs- und Lüftungsanlagen. 152 Seiten mit 165 Abbildungen und 7 Zahlentafeln. 1954 . . . . Bd. 343

SAMMLUNG GÖSCHEN - BANDNUMMERNFOLGE

1 Langosch, Der Nibelunge Nôt
3 vom Ende, Maschinenelemente
9 Marcard-Beck, Dampfkessel I
13 Lotze, Geologie
20 Hofstaetter-Spree, Dt. Sprachlehre
29 Brauns-Chudoba, Allg. Mineralogie
30 Eckert-Greifendorff-Kleffner, Kartenkunde
31 Brauns-Chudoba, Spez. Mineralogie
35 Treue, Deutsche Geschichte
37 Klemm, Anorganische Chemie
38/38a Schlenk, Organ. Chemie
42 Behn, Vorgeschichte Europas
51 Bürklen-Ringleb, Mathematische Formelsammlung
60 Biehle, Stimmkunde
61 Biehle, Redetechnik
66 Berneker-Vasmer, Russische Grammatik
70 Nestle, Griech. Literaturgesch. I
71 Schulze, Allgem. und physikalische Chemie I
76 Döring, Einführg. i. d. theoret. Physik I
77 Döring, Einführg. i. d. theoret. Physik II
78 Döring, Einführg. i. d. theoret. Physik III
79 Hempel, Got. Elementarbuch
80 Weigert, Stilkunde I
96 Hartmann, Allg. Biologie
101 v. Wiese, Soziologie
103 Dahrendorf, Industrie- und Betriebssoziologie
104/104a Hofstätter, Sozialpsychol.
111 Hoffmann-Debrunner, Geschichte der griech. Sprache I
114 Debrunner, Geschichte der griech. Sprache II
117 Brandenstein, Griechische Sprachwissenschaft I
118 Brandenstein, Griechische Sprachwissenschaft II
119 Teichmann, Statik der Baukonstruktionen
125 Vossler, Italienische Literaturgeschichte
128/128a Lausberg, Roman. Sprachwiss. I
136 Mahler, Physikalische Formelsammlung
141 Geitler, Morphologie der Pflanzen
142 Haack, Darst. Geometrie I
143 Haack, Darst. Geometrie II
144 Haack, Darst. Geometrie III
145 Weimer, Geschichte der Pädagogik
146 Witting, Repetitorium und Aufgabensammlung zur Differentialrechnung
147 Witting, Repetitorium und Aufgabensammlung zur Integralrechnung
156/156a Landmann, Philosoph. Anthropologie
170 Oehlmann, Musik des 19. Jahrhunderts
173 Bruhns-Ramdohr, Petrographie
180 Böhm, Versicherungsmathematik I
184 Blümcke, Spinnerei und Zwirnerei
196 Mohr, Grundlagen der Elektrotechnik I
197 Mohr, Grundlagen der Elektrotechnik II
200/200a Gottschald, Dt. Rechtschreibungswörterbuch
210 Bruhns-Ramdohr, Kristallographie
220/220a Moser, Allgemeine Musiklehre
221 Jander-Jahr, Maßanalyse I
222 Hassak-Beutel, Warenkunde I
223 Hassak-Beutel, Warenkunde II
226 Hofmann, Geschichte der Mathematik I
228 Vogel, Landw. Tierzucht
230 Krieger, Bad. Geschichte
238 Krahe, German. Sprachwiss. I
243 Mahler, Physikal. Aufgabensammlung
247 Hoppe, Analytische Chemie I
248 Hoppe, Analytische Chemie II
250 Lausberg, Roman. Sprachwiss. II
252 Dassler, Elektrochemie I
253 Dassler, Elektrochemie II
256 Haussner, Aufgabensammlung zur analytischen Geometrie der Ebene
257 Humburg, Die Gleichstrommaschine I

264 Lockemann, Geschichte der Chemie I
265/265a Lockemann, Geschichte der Chemie II
270 Kirn, Einführung in die Geschichtswissenschaft
274 Zietemann, Dampfturbinen I
279 Jacob, Quellenkunde der deutschen Geschichte I
280 Jacob, Quellenkunde der deutschen Geschichte II
281 Leisegang, Einführung in die Philosophie
284 Jacob-Weden, Quellenkunde der deutschen Geschichte III
318/318a Schmidt, Industrielle Kraft- und Wärmewirtschaft
319 Krug, Australien und Ozeanien
329 Scharrer, Agrikulturchemie I
330 Scharrer, Agrikulturchemie II
335 Braun-Klug, Fette und Öle
336 Braun-Klug, Seifenfabrikation
342 Körting, Heizung und Lüftung I
343 Körting, Heizung und Lüftung II
344 Moser, Musikästhetik
354 Valentiner, Vektoranalysis
355 Neger-Münch, Nadelhölzer
356 Lüdemann, Fische
374 Döring, Einführung in die theoretische Physik IV
375 Preller, Geschichte Englands I
394/394a Schilling, Von der Renaissance bis Kant
414/414a Tafel, Hebezeuge I
422 Gottschald, Dt. Personennamen
423 Adler, Fünfstell. Logarithmen
432 Borchers, Metallkunde I
433 Borchers, Metallkunde II
439 Jaeckel, Würmer
440 Jaeckel, Weichtiere
441 Jaeckel, Stachelhäuter
442 Hannemann, Schwämme und Hohltiere
443 Gruner-Deckert, Krebse
444 Reichenow, Protozoa
445 Asmus, Physikal.-chemische Rechenaufgaben
452 Bahrdt-Scheer, Stöchiometrische Aufgabensammlung
468 Werkmeister, Vermessungskunde I
469 Werkmeister, Vermessungskunde II
476 Thum-Meysenburg, Die Werkstoffe des Maschinenbaues I
483 Henglein, Lötrohrprobierkunde
492 Stolz-Debrunner, Geschichte der lateinischen Sprache
499 Niese, Autogen. Schweißen
500 Simmel, Hauptprobleme der Philosophie
521 Marcard-Beck, Dampfkessel und Feuerungen II
536 Lehmann, Kant
538 Rumpf, Archäologie I
539 Rumpf, Archäologie II
557 Nestle, Griechische Literaturgeschichte II
561 Matthes, Werkzeugmaschinen I
562 Matthes, Werkzeugmasch. II
564 Behn, Kultur der Urzeit I
565 Behn, Kultur der Urzeit II
566 Behn, Kultur der Urzeit III
571 Lehmann, Philosophie des 19. Jahrhunderts
576/576a Moser, Gesangskunst
579 Müller-Schulze, Techn. Tabellen
585 Dehnert, Verkehrswasserbau I
589 Tochtermann, Maschinenzeichnen I
590 Tochtermann, Maschinenzeichnen II
594 Lengerken, Insekten
597 Dehnert, Verkehrswasserbau II
619 Buchwald, Kristalloptik
665 Ludin, Wasserkraftanlagen I
666 Ludin, Wasserkraftanlagen II
668 Knopp, Funktionentheorie I
691 Fauser, Kulturtechn. Bodenverbesserungen I
692 Fauser, Kulturtechn. Bodenverbesserungen II
698/698a Schulze, Allgemeine und physikalische Chemie II
703 Knopp, Funktionentheorie II
709 Lehmann, Philosophie des 19. Jahrhunderts II
711 Kesselring, Berechnung der Schaltgeräte
714/714a zur Megede, Einführung in die Technik selbsttätiger Regelungen
715 Zietemann, Dampfturbinen II
716 Zietemann, Dampfturbinen III
718 Neger-Münch, Laubhölzer
735 Ekwall, Hist. neuengl. Laut- und Formenlehre
763/763a Beer-Meyer, Hebräische Grammatik I
764/764a Beer-Meyer, Hebräische Grammatik II

768 Bieberbach, Einführung in die konforme Abbildung
780 Krahe, Germ. Sprachwiss. II
781 Weigert, Stilkunde II
786 Schulze, Molekülbau
807 Kropp, Erkenntnistheorie I
809 Moser, Harmonielehre I
826 Koch, Philosophie des Mittelalters
827 Schwaiger, Elektromotorische Antriebe
845 Lehmann, Philosophie im ersten Drittel des 20. Jahrh.
847 Herter, Lurche
851 Moede, Psychologie des Berufs- und Wirtschaftslebens
856 Quelle, Iberoamerika
857 Capelle, Griech. Philosophie I
858 Capelle, Griech. Philosoph. II
859 Capelle, Griech. Philosoph. III
862 Werkmeister, Vermessungskunde III
863 Capelle, Griech. Philosoph. IV
877 Knopp, Aufgabensammlung zur Funktionentheorie I
878 Knopp, Aufgabensammlung zur Funktionentheorie II
881 Humburg, Gleichstrommaschine II
902 Müller, Dynamik I
903 Müller, Dynamik II
910 Jaeger, Afrika I
911 Jaeger, Afrika II
917/917a Böhm, Versicherungsmathematik II
920 Hoheisel, Gewöhnliche Differentialgleichungen
929 Schirmer, Dt. Wortkunde
930 Krull, Elementare und klassische Algebra I
931 Hasse, Höhere Algebra I
932 Hasse, Höhere Algebra II
952 Schäfer, Transformatoren
953 Zipperer, Techn. Schwingungslehre I
961/961a Zipperer, Techn. Schwingungslehre II
965 Dehnert, Wehr- u. Stauanlagen
970 Baldus-Löbell, Nichteuklid. Geometrie
972 Herter, Tierphysiologie I
973 Herter, Tierphysiologie II
978 Kleinlogel, Baustoffverarbeitung und Baustellenprüfung des Betons
984 Graf, Die wichtigsten Baustoffe des Hoch- und Tiefbaus
999/999a Kamke, Mengenlehre
1000 Jaspers, Geistige Situation
1002 Jander-Jahr, Maßanalyse II
1003 Hoheisel, Partielle Differentialgleichungen
1004 Jander-Jahr, Maßanalyse III
1008 Mellerowicz, Allgemeine Betriebswirtschaftslehre I
1009 Bechert-Gerthsen, Atomphysik I
1014 Huttenlocher, Mineral- und Erzlagerstättenkunde I
1015/1015a Huttenlocher, Mineral- und Erzlagerstättenkunde II
1021 Niese-Dienst, Elektr. Schweißverfahren
1031 Apel, Philosophisches Wörterbuch
1033 Bechert-Gerthsen, Atomphysik II
1043 Kranefeldt, Therapeutische Psychologie
1039 Dovifat, Zeitungslehre I
1040 Dovifat, Zeitungslehre II
1044 Tölke, Talsperren
1045 Schubert, Technik des Klavierspiels
1051/1051a zu Stolberg-Wernigerode, Gesch. d. Verein. Staaten v. Amerika
1057 Roth, Thermochemie
1059 Hoheisel, Aufgabensammlg. z. d. gewöhnl. u. part. Differentialgleichungen
1061 Grodzinski, Getriebelehre I
1065 Haller, Von den Karolingern zu den Staufern
1070 Sauter, Differentialgleichungen der Physik
1078 Troche, Stahlbetonbau
1082 Hasse-Klobe, Aufgabensammlung zur Höheren Algebra
1084 Nusselt, Technische Thermodynamik I
1086 Müller, Dt. Dichten u. Denken
1088 Preller, Geschichte Engld. II
1092 Wickop, Fenster, Türen, Tore,
1094 Hernried, System. Modulation
1105 Hartung, Dt. Geschichte im Zeitalter der Reformation
1108 de Boor-Wisniewski, Mittelhochdeutsche Grammatik
1109 Knopp, Elemente der Funktionentheorie
1111 Naumann-Betz, Althochdeutsches Elementarbuch

1113/1113a Strubecker, Differentialgeometrie I
1114 Schubel, Englische Literaturgeschichte I
1115 Ranke, Altnord. Elementarbuch
1116 Meissner, Englische Literaturgeschichte II
1121 Naumann, Dt. Dichten und Denken
1122 Feist, Sprechen und Sprachpflege
1123/1123a Bechert-Gerthsen, Atomphysik III
1124 Meissner, Englische Literaturgeschichte III
1125 Lehnert, Altengl. Elementarbuch
1127 Hartmann, Geschlecht und Geschlechtsbestimmung im Tier- und Pflanzenreich
1128 Buchner, Symbiose der Tiere mit pflanzl. Mikroorganismen
1130 Dibelius, Jesus
1131 Scholz-Schoeneberg Einführung in die Zahlentheorie
1132 Frühauf, Überspannungen und Überspannungsschutz
1134 Kuckuck, Pflanzenzüchtung I
1135 Lehnert, Beowulf
1136 Meissner, Englische Literaturgeschichte IV
1137 Heil, Entwicklungsgeschichte des Tier- und Pflanzenreichs
1138 Hämmerling, Fortpflanzung im Tier- und Pflanzenreich
1140 Unger, Induktionsmaschinen
1141 Koller, Hormone
1142 Meissner-Lehnert, Shakespeare
1144 Gehler, Festigkeitslehre I
1145/1145a Herberg, Festigkeitslehre II
1146 Humburg, Synchrone Maschine
1147 v. Waltershausen, Kunst des Dirigierens
1148 Pepping, Der polyphone Satz I
1151 Nusselt, Technische Thermodynamik II
1152 Dehnert, Verkehrswasserbau III
1153 Mellerowicz, Allg. Betriebswirtschaftslehre II
1154 Mellerowicz, Allg. Betriebswirtschaftslehre III
1155 Schwartz, Mikrobiologie I
1156 Meinke, Kompl. Berechng. d. Wechselstromschaltungen
1157 Schwartz, Mikrobiologie II
1158 Mayrhofer, Sanskrit-Grammatik
1159 Jungbluth, Gießereitechnik I
1160 Dibelius-Kümmel, Paulus
1161 Kaestner, Spinnentiere
1162 Seidel, Entwicklungsphysiologie der Tiere I
1163 Seidel, Entwicklungsphysiologie der Tiere II
1165/1165a Bechert-Gerthsen, Atomphysik IV
1169 Paulsen, Allgem. Volkswirtschaftslehre I
1170 Paulsen, Allgem. Volkswirtschaftslehre II
1171 Paulsen, Allgem. Volkswirtschaftslehre III
1172 Paulsen, Allgem. Volkswirtschaftslehre IV

AUTORENREGISTER

FSC
www.fsc.org
MIX
Papier | Fördert
gute Waldnutzung
FSC® C083411

Zeitfracht Medien GmbH
Ferdinand-Jühlke-Straße 7
99095 Erfurt, Deutschland
produktsicherheit@kolibri360.de